P.

S 1202
QI.

EXPLICATION

DU TABLEAU

ÉCONOMIQUE.

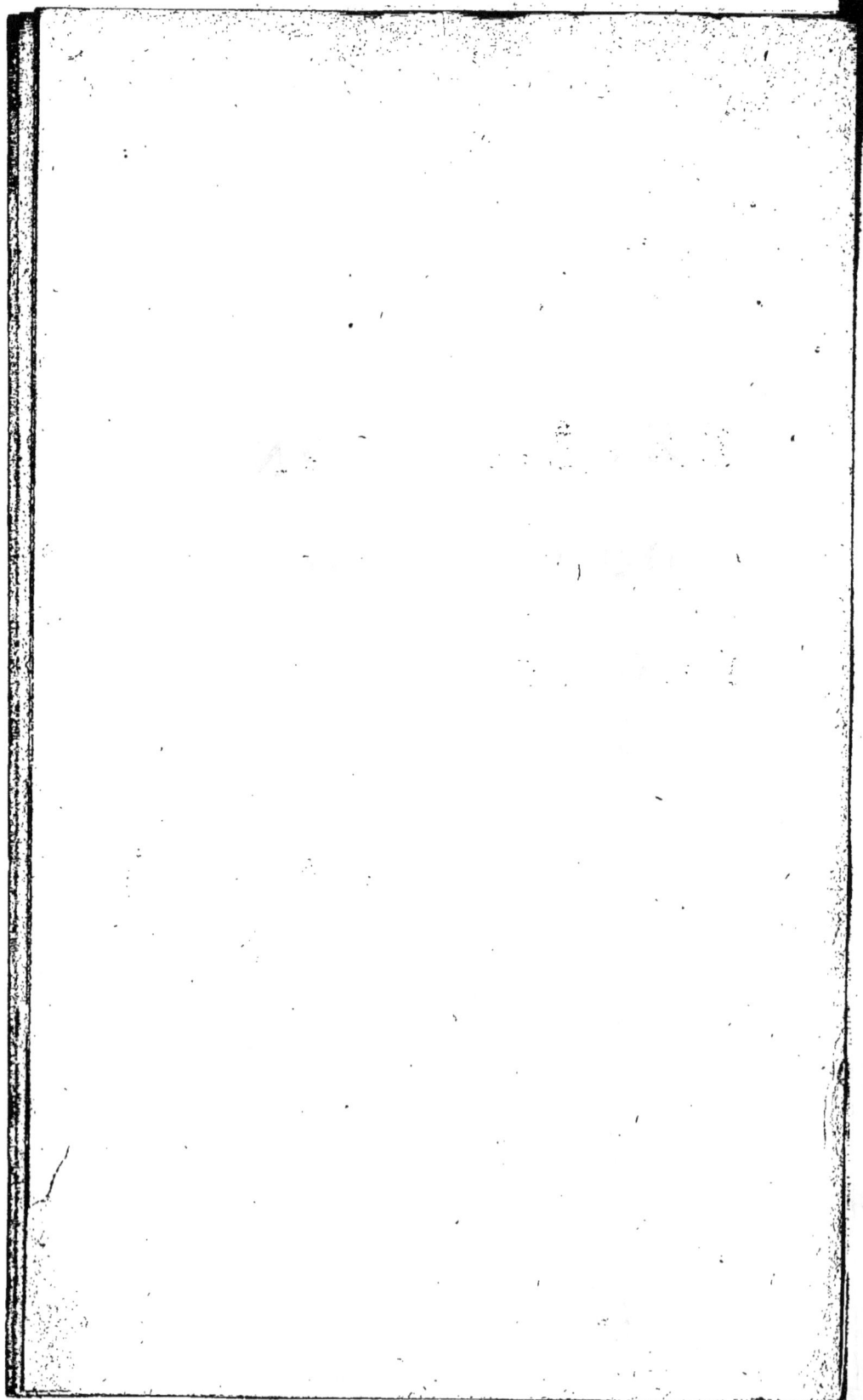

EXPLICATION
DU TABLEAU
ÉCONOMIQUE,
A MADAME DE ***.
PAR M. *l'Abbé BAUDEAU.*

Extrait des Ephémérides de 1767 & 1768.

A PARIS,

Chez DELALAIN, Libraire, rue & à côté
de la Comédie Françoise.

M. DCC. LXXVI.

EXPLICATION

DU

TABLEAU ÉCONOMIQUE,

A MADAME DE ***

Vous me demandez, Madame, une explication du fameux Tableau économique. Je vais vous la donner, la plus claire qu'il me sera possible.

CHAPITRE PREMIER.

Des productions naturelles & des avances qui les font naître.

Nº. PREMIER.

Production totale ou réproduction.

Confiderez, Madame, la terre couverte de ses *productions naturelles* au mo-

A

ment de la *récolte*, raſſemblez dans votre imagination tous les êtres des trois regnes que nous ſavons *approprier* à nos *jouiſſances*, les animaux de l'air, de la terre & des eaux, que la chaſſe, la pêche & l'éducation domeſtique font ſervir à nos beſoins & à nos plaiſirs, ſoit par eux-mêmes, ſoit par quelques-unes de leurs dépouilles; tous les végétaux qui croiſſent ſur la ſurface de notre globe, que l'homme *recherche* dans les lieux où le ſol ſemble les produire de lui-même, ou qu'il *multiplie* par la culture, tout ce qu'il en recueille, tout ce qu'il en extrait, tout ce qu'il en conſerve pour le conſommer; ajoutez enfin les matieres ſouterraines & minérales que l'art tire des entrailles de la terre & du ſein des rochers; raſſemblez toute cette maſſe des bienfaits de la nature, reçus par les hommes dans l'eſpace *d'une année* : voila, Madame, la *production annuelle* ou la *réproduction to-*

tale, dont l'idée si facile à saisir est le premier fondement du Tableau Economique & de son explication.

Mais arrêtons-nous un moment à ce premier pas ; & pour vous épargner bien des peines, appuyez sur cette premiere définition, & ne passez point au numéro suivant, sans avoir gravé profondément dans votre esprit les mots de *production totale* ou *réproduction*, avec l'idée qu'ils doivent toujours y rappeller ; qu'il en soit de même à tous les autres, on ne conçoit bien un tout qu'après avoir attentivement pénétré chacune des parties.

N°. II.

Avances annuelles.

Vous savez, Madame, que le grain qui remplit vos greniers, que les fourages rassemblés dans vos granges, que le vin qui bouillone dans vos celliers sont en même tems des présents de la nature

& des fruits du *travail* des hommes; vous
favez qu'il a fallu préparer la terre, femer ou planter, cultiver, récolter;
nourrir & entretenir les ouvriers agricoles dévoués à ces travaux; alimen-
ter & loger les animaux domeftiques:
voilà, Madame, les *avances annuelles*.
Toute récolte eft précédée ou accom-
pagnée de ces travaux & de ces dépenfes, qui fe renouvellent *chaque année*,
la chaffe, la pêche, l'exploitation des
mines & carrieres, l'art d'élever les
grands & les petits troupeaux, exigent
des *avances annuelles*.

Remarquez, Madame, que les dépenfes de ce genre précedent ou accom-
pagnent *chaque année* la *production* & la
récolte, qu'elles la préparent & l'occafionnent immédiatement, c'eft pour quoi
l'épithete de dépenfes *productives* leur
convient à merveille. Les avances que
vous faites *chaque année* pour payer un
jardinier & fes manœuvres, pour lui

fournir des graines, des plants, des engrais, eſt *productive* des fleurs & des légumes qui croiſſent dans votre parterre
& votre potager. Celle que fait *chaque*
année votre Fermier pour entretenir ſon
Berger & ſon troupeau, eſt productive
de la laine qu'il vend après la tonte de
ſes moutons : la poudre à canon qu'on
brûle dans les mines pour faire ſauter
les pierres en éclats, la dépenſe qu'on
fait en ſalaires d'hommes, en bois, en
autres matieres *chaque année*, pour ex-
traire, laver, broyer, fondre les matieres, ſont en quelque ſorte *productives*
de la maſſe de métal. Le minerai ne ſe
ſeme pas, il ne ſe multiplie point, mais
la nature qui l'a créé ſemble prendre
plaiſir à le cacher avec ſoin ; le travail
& les dépenſes des hommes l'arrachent
des abîmes & des rochers.

Concluons, Madame, que les *avances*
annuelles ſont la premiere eſpece de *dé-*
penſes productives, que ce ſont les préli-

minaires indifpenfables de la récolte, &
les caufes préparatoires les plus immédiates de *la production totale*, feconde
idée auffi fimple, auffi aifée à faifir & à
retenir que la premiere.

N°. I I I.

Avances primitives de l'exploitation.

Il eft, Madame, une forte de *dépenfe*
néceffaire à la *réproduction annuelle*, mais
qui ne fe renouvelle pas en entier *tous
les ans ;* vous pouvez voir dans votre
jardin la même brouette, le même ar-
rofoir, les mêmes cloches de verre, les
mêmes inftrumens de diverfes efpeces,
qui fervent pendant plufieurs années : il
en eft de même de toute forte d'*exploitation.*

Je mets ici à deffein ce mot généri-
que d'*exploitation* à la place de celui de
culture, qui ne peut convenir que très
imparfaitement à plufieurs des productions naturelles, on dit *exploiter* une fer-

me, un vignoble, un bois de haute-
futaye, une mine, une carriere; on ne
dit pas communément *cultiver* les trois
derniers.

Les cuves, les preſſoirs, les échalas
& les outils de pluſieurs eſpeces, ſont les
avances primitives ou les dépenſes de premier établiſſement de la culture des vignes : il faut pour les grains, des charrues & des charrettes, des animaux de
labour, de tranſport & d'engrais, & pluſieurs inſtrumens de divers gentes.

Pourquoi tous ces objets de *dépenſes*
ſont - ils appellés *avances primitives* ou
de premier établiſſement ? vous le voyez
Madame, c'eſt qu'il faut commencer par
elles. Avant que d'entreprendre aucun
travail de culture ou d'exploitation, il
faut ſe précautionner & ſe munir d'inſtrumens, d'animaux, de toutes les cho-
ſes néceſſaires à ſon entrepriſe.

Vous voyez encore que cette ſeconde
eſpece de dépenſe n'eſt pas moins *pro-*

ductive que la premiere , qu'elle n'influe pas moins fur la *récolte* ou fur la *production totale annuelle* , quoiqu'elle ne fe renouvelle pas en entier tous les ans, comme les fruits qu'elle concourt à faire naître.

N°.   I V.

Utilité des avances primitives.

Ce n'eſt pas aſſez , Madame, de croire que les *avances primitives* ou de premier établiſſement font auſſi productives que les *avances annuelles* de la culture ou de l'exploitation , il faut que vous remarquiez avant de paſſer outre , quel eſt le double but , quelle eſt la double utilité de ces *avances primitives.*

Leur premier but eſt d'épargner les dépenſes journalieres & annuelles, & c'eſt en cela que conſiſte leur premiere utilité : une bonne charrue, attelée de quatre forts chevaux, laboure en un feul jour plus de terre que dix hommes n'en pourroient

pourroient bêcher à la main : une char-
rette traînée par les mêmes animaux
vous tranſporte en une jòurnée plus de
fruits récoltés que dix hommes n'en
porteroient : il ne faut qu'un ſeul char-
retier , les chevaux vivent en partie de
la paille & du fourrage que les hommes
ne mangeroient pas , & ils reſtituent en
engrais la valeur de cette dépenſe.
C'eſt auſſi pour diminuer les travaux con-
tinuels , & les ſalaires des hommes ,
qu'on invente dans les carrieres & les
mines , des machines qui tranſportent
les fardeaux , qui épurent les matieres ,
qui deſſechent les eaux nuiſibles en plus
grande quantité , avec moins de con-
ſommation & de dépenſe. Epargne de
dépenſe journaliere & annuelle , voilà
donc le premier des motifs qui engage
aux avances primitives. Combien de
peines , de ſalaires & d'embarras , s'il
falloit tranſporter , preſſurer , cuver ,
la vendange & le vin par petites par-

B

celles, & de même voiturer les barriques une à une dans les grands vignobles ?

Le second objet qu'on se propose dans les avances primitives, c'est de multiplier la quantité des productions, d'améliorer leur qualité, ou d'assurer leur conservation ; c'est par exemple, pour ces trois motifs à la fois qu'on met aux vignes des échalas, c'est pour la conservation & la qualité que vous avez des paillassons, des treillages à vos espaliers, des cloches de verre sur les couches de votre potager.

N°. V.

Entretien, réparations & rénovations
des avances primitives.

Vous savez, Madame, que les *outils* & les machines de toute espece, grands & petits, qui forment la premiere portion des *avances primitives* ou de premier établissement se consomment par l'usage;

il vous faut renouveller de tems en tems
les beches, les arrofoirs & les autres outils de jardinage, il faut même une fuite
habituelle de réparations, & d'ailleurs
il arrive toujours des accidents & des
pertes imprévues.

Il vous eft facile de concevoir que
dans les grandes entreprifes de culture,
dans les fortes exploitations de bois, de
carrieres, de mines & autres femblables
travaux, il fe fait une dépenfe affez
forte pour le rétabliffement périodique
des premiers inftrumens, qui forment
les avances primitives.

Les animaux de toute efpece exigent
un pareil entretien. De même que vous
êtes obligée de renouveller de tems en
tems à la Ville vos voitures & vos chevaux, tout de même votre Fermier eft
obligé de renouveller à la Campagne fa
charrue, fes charrettes, fes tombereaux,
fes chevaux de labour & fes voitures :
Vos meubles ne durent pas toujours,

B ij

& ceux de la Ferme, de la vacherie, de l'étable, du parc à moutons s'ufent auffi; les cuves, les preffoirs & les échalas fur-tout ont grand befoin de rénovation. Les dangers & les accidents font bien plus fréquents & plus couteux à la campagne.

Pour prendre un point fixe dans une matiere où les diverfités naturelles & accidentelles font fi grandes, on a eftimé, Madame, qu'il falloit confacrer, à-peu-près chaque année, un dixieme du prix principal, à l'entretien & à la réparation des *avances primitives*; c'eft-à-dire que fi vous fuppofez, dans une grande & belle Ferme, pour trente mille francs de pareilles avances primitives, il en coutera trois mille livres pour leur *réparation* habituelle, en compenfant les années les unes par les autres, du fort au foible, & les accidents ou cas fortuits avec les événements ordinaires; en forte que l'entretien, les répara-

tions, les rénovations fucceffives, naturelles ou accidentelles, coutent chaque
année un pour dix, & par conféquent
dix pour cent des avances primitives ;
remarquez bien fur-tout qu'il ne faut pas
confondre ces dix pour cent avec les
avances annuelles, ci-deffus expliquées.

N°. V I.

Proportion entre les avances annuelles &
les avances primitives des diverfes ex-
ploitations.

Un peu de curiofité fur les travaux
champêtres, vous convaincra, Mada-
me, que les *avances annuelles* & les *avan-*
ces primitives, ne font pas entr'elles, en
une même proportion, dans toutes les
efpèces d'exploitations rurales ; il en eft
qui coutent *moins* d'abord, & *plus* chaque année ; il en eft, au contraire, qui
coutent *plus* au premier établiffement,
& *moins* de frais annuels.

Par exemple, les bois, les prés, les

vergers, exigent peu d'*avances annuelles*
& presque point d'*avances primitives* ; ils
ne coutent que peu de façon, & les frais
de la récolte. Les vignes, au contraire,
exigent *annuellement* de grands travaux
à bras, ainsi que les potagers, mais
moins à proportion d'avances *primitives*.
La culture des grains, quand elle est
bien entendue, exige, au contraire,
moins d'avances *annuelles*, & plus
d'avances *primitives*. L'exploitation des
carrieres & des mines, exige beaucoup des unes & des autres.

Il falloit donc, Madame, prendre encore une moyenne proportionnelle pour
raisonner uniformément & conséquem-
ment, dans une si grande variété. On a
calculé la proportion qui regne entre
les *avances primitives* & les *avances annuelles* d'une bonne & grande culture
de grains, en Picardie, en Normandie,
dans la Beauce, l'Isle de France &
la Brie ; on a pris l'état moyen, & le

réfultat a donné la proportion d'un à cinq; c'eft-à-dire, Madame, que mille francs d'avances annuelles fuppofent cinq mille livres d'avances primitives, deux mille francs d'avances annuelles, dix mille livres d'avances primitives.

Vous ne me demanderez pas fans doute, pourquoi former ici des évaluations moyennes, au lieu de raifonner en détail fur chaque efpece particuliere. Vous favez qu'en tout calcul philofophique & même économique, on prend toujours ainfi des moyennes proportionnelles, d'où il ne réfulte aucune erreur; vous dites tous les jours, quand vous voulez compter la dépenfe d'une Maifon, de la table, des voitures, &c. la confommation de pain, de vin, d'épiceries, de bonne chere, fe monte à tant par tête, l'un portant l'autre; les chevaux dépenfent en foin, en paille, en avoine tant par an, l'un portant l'autre, & ainfi du refte. Vous vous moqueriez,

avec raifon, d'un épilogueur qui vous
diroit, comme une grande obje(tion,
mais, Madame, tous les hommes &
tous les animaux ne dépenfent pas également, en comparaifon l'un de l'autre,
ni même également chaque jour & chaque femaine : vous lui répondriez je le
fais, mais il y a une mefure moyenne,
& quand on s'en fert, on eft fûr de fe
tromper très peu, ou point du tout.
Plus le nombre fur lequel on opere eft
grand, plus le fort compenfe le foible.

C'eft ainfi qu'on a opéré dans le Tableau économique. Pour évaluer à une
mefure moyenne, la proportion entre
les avances primitives & les avances
annuelles des diverfes fortes d'exploitation ; on a choifi celle de la bonne culture des grains, qui donne, par expérience, les avances primitives, valant
cinq fois les avances annuelles, à raifon de dix mille livres d'avances primitives, & de deux mille livres d'avances
annuelles

annuelles pour chaque charrue de grande culture, attelée de quatre chevaux exploitant tous les ans cent vingt arpents de terre; c'eſt-à dire quarante arpents de froment, quarante de menus grains, & quarante de jachere ou de terre qui ne rapporte point de grains.

Vous avez vu dans le numéro précédent que l'entretien & les réparations habituelles & ſucceſſives des avances primitives, étoient évaluées chaque année à un dixieme de la valeur de ces mêmes avances primitives, & de là vous pouvez conclure que les dépenſes d'*entretien* des *avances primitives*, ſont toujours la moitié des *avances annuelles*. Ce calcul arithmétique eſt bien ſimple, Madame, qu'il ne vous effarouche pas: 2 mille francs d'avances annuelles ſuppoſent dix mille francs d'avances primitives, comme vous venez de le voir : premiere vérité. Or dix mille francs d'avances primitives exigent un dixieme ; c'eſt-à-dire

C

cent piftoles d'*entretien*, de réparations & rénovations, fucceffives, naturelles ou accidentelles, & cent piftoles font furement la moitié de deux mille livres; par conféquent l'*entretien* des avances primitives eft la moitié des avances annuelles. Avouez, Madame, que la logique & l'arithmétique font de belles chofes, & qu'il y a bien du plaifir à raifonner en forme.

Trois charrues exigeroient *donc* fix milles francs d'avances *annuelles; donc,* trente mille livres d'avances *primitives;* car, cinq fois fix font trente : donc, trois mille livres d'*entretien* à raifon de dix pour cent ; car, la dixieme partie de trente eft trois : donc, cet *entretien* feroit encore la moitié toute jufte des avances *annuelles;* car, trois mille liv. font la moitié de fix mille.

Croiriez - vous, Madame, que des hommes, & des hommes accoutumés aux Sciences, même à raifonner fur les affaires d'Etat, ont trouvé ces calculs difficiles & compliqués : croiriez-vous qu'on a nommé tout cela de la métaphyſique. En ce cas, vous auriez furement fait fouvent de la *Métaphyſique*, fans le favoir, avec votre Femme de Chambre, votre Marchande de Modes, votre Maître-d'Hôtel & vos Fermiers; il n'eſt pas un feul compte qui ne foit auſſi compofé que celui là. La moindre Fermiere eſt donc une grande métaphyſicienne? car, elle eſt obligée de faire fouvent de femblables calculs.

Réfumons, avant d'aller plus loin, tout ce qui concerce les *avances primitives* ou de premier établiſſement.

Elles forment la feconde efpece de dépenfes productives; elles ont pour objet la diminution des dépenfes *annuelles*, la mulplication, la confervation, la qualité des récoltes; elles exigent un *entretien* de dix pour cent, & elles valent cinq fois autant que les

C ij

avances annuelles, enforte que leur en-
tretien, équivaut à la moitié de ces
avances annuelles.

Nº. VII.

Des avances foncieres.

Vous avez vu, Madame, un potager
tout formé; vous avez confidéré d'abord
ce qu'on y *recueille ;* puis en rétrogradant
fur les caufes productives, ou fur les pré-
paratifs de la *récolte*, vous avez confidéré les dépenfes que le Jardinier, fes
Ouvriers & fes travaux font chaque année ; nous les avons nommées dépenfes
annuelles. Vous avez enfuite diftingué la
dépenfe qui fe fait en inftrumens de divers
genres, qui ne s'ufent pas en entier,
tous les ans, mais qui n'ont befoin que
d'*entretien ;* nous les avons nommées
avances primitives du Jardinage ou de la
culture du potager.

Mais, Madame, il faut avoir un Jardin, avant de penfer à le faire cultiver ;

& la nature abondonnée à elle-même, ne fait point de jardin proprement dit, ni de prés, ni de vignes, ni de terres labourables. Elle offre au travail de l'homme des lieux favorables pour les former; mais il faut qu'il en foit le créateur. Il faut niveler le terrein, en ôter les pierres, y répandre des engrais, l'enclore de murs, de foffés, de haies vives ou feches; y aligner des quarrés, y planter des arbres & arbuftes, en efpaliers ou en buiffons; il faut un logement pour le Jardinier, pour fes inftruments, fes *fruits*, fes *graines* & fes *légumes*; autre efpece de dépenfes. Voilà, Madame, la *fondation* d'un jardin potager: les frais qu'elle exige font les *avances foncieres*, troifieme & derniere efpece de dépenfes *productives*.

Vous voyez que les vignes demandent pour avances foncieres la préparation du fol, une plantation & en outre la construction des édifices qui renferment les pressoirs & les cuves, enfin des caves ou celliers pour les barriques. La culture des grains entraine le défrichement des terres, l'extirpation des arbres & arbustes & de leurs racines, l'écoulement préparé à toutes les eaux qui noieroient la récolte; de plus, un Corps de ferme ou de métairie, des granges, des écuries, un logement & un jardin à légumes pour les Cultivateurs.

Les bois eux-mêmes quand on veut en planter de bonne espece, exigent des avances *foncieres*, & les mines de toute forte ne s'exploitent point en grand fans des fondations plus ou moins confidérables.

Il est un moyen fort simple & fort usité d'éviter tous les embarras & même tous les dangers auxquels sont exposés trop souvent les défricheurs, les planteurs, les bâtisseurs, les créateurs enfin qui mettent *en valeur* une terre inculte :

ce moyen confiste à faire l'acquisition d'un bien tout fait ou déja rendu productif. Le prix que donne l'acquéreur eft de fa part le remboursement des *avances foncieres*. La *propriété* que cede le vendeur eft *le droit* qui réfulte de ces *avances foncieres*, car la terre eft proprement à celui qui la met *en valeur* ; combien de milliards d'arpens de fol, dans l'Europe même, font encore au premier occupant? combien de contrées en France où vous acheteriez pour moins de vingt fols l'arpent d'un prétendu propriétaire, des vaftes landes ou marais, dont le défrichement ou le defféchement vous couteroit trois ou quatre cents livres par arpent *d'avances foncieres*.

L'acquéreur eft donc le repréfentant du premier défricheur, il en exerce les *droits* à titre du remboursement qu'il lui a fait de fes avances, comme l'héritier les exerceroit par le privilége de fa naiffance & de la Loi qui rend tranfmiffibles les hérédités foncieres.

N°. VIII.

Réſumé du premier Chapitre.

Voilà, Madame, les trois ſortes *d'a-*
vances ou de dépenſes *productives* qui préparent & occaſionnent la *récolte* annuelle des productions que la nature ac-
corde au travail des hommes. Les premieres à conſidérer, qui ſont les plus voi-
ſines de la récolte, les plus immédiates,
ſont *les avances annuelles* en ſubſiſtances
ou ſalaires d'hommes & d'animaux en
ſemences & conſommations qui ſe renouvellent tous les ans, & qui ſe ſont journellement en vue de préparer la production, de la récolter, de la conſerver.

Les ſecondes *dépenſes productives* en
rétrogradant, ſont les *avances primiti-*
ves qui ſe ſont tout à la fois lors du premier établiſſement d'une exploitation,
mais qui ne ſe renouvellent pas totalement chaque année, n'ayant beſoin que
d'un *entretien,* de réparations, ſucceſſives
de

de rénovations plus ou moins éloignées, qu'on peut évaluer à un dixieme chaque année par compenfation ; ce qui forme une dépenfe annuelle pour leur entretien de dix pour cent de leur fomme totale ; enforte que cent mille livres *d'avances primitives* faites lors du premier établiffement, en inftruments, outils, machines & animaux, exigent chaque année dix mille livres d'*entretien*, & ainfi à proportion.

En prenant, pour moyen terme naturel entre les différentes exploitations, la bonne culture des grains, les avances primitives font évaluées à cinq fois la valeur des avances annuelles ; c'eft-à-dire, que deux mille livres *d'avances* annuelles fuppofent dix mille *francs d'avances* primitives, & ainfi à proportion ; par exemple, cinq mille francs d'avances annuelles fuppofent cinq fois cinq ou vingt-cinq mille livres *d'avances* primitives.

D

D'où nous concluerons, s'il vous plaît, comme une conféquence arithmétiquement démontrée , que l'*entretien* des avances primitives qui en eft la dixieme partie , vaut précifément la moitié des avances annuelles qui en font la cinquieme partie, car le dixieme eft la moitié du cinquieme ; dix mille francs d'avances primitives font pour deux mille francs d'avances annuelles , parceque deux eft la cinquieme partie de dix , & les mêmes dix mille francs exigent mille livres d'entretien ou le dixieme de la fomme.

Enfin les troifiemes dépenfes *productives* en rétrogradant encore, font les avances *foncieres* , qui ne font pas faites proprement pour l'exploitation ou la culture, mais qui préparent le fol à la recevoir , & à y correfpondre utilement.

Si nous étions partis de l'afpect d'une terre en friche , au lieu de commencer comme nous avons fait par la *récolte* ,

nous aurions fait le chemin tout au re-
bours, nous aurions confidéré premierement les *avances foncieres*, les défri-
chemens, les nivellements, les foffés,
les plantations, les édifices; fecondeme-
ment, les *avances primitives* de la *culture*
ou de *l'exploitation*, les inftruments, les
outils de toute efpece, les animaux domeftiques des grands ou des petits troupeaux, & même les oifeaux de baffe-
cour : enfin nous ferions venus aux
avances annuelles, aux falaires & fubfiftances des hommes, aux femences annuelles, à la nourriture & à la garde
des animaux. Nous aurions été obligés
de parcourir ces trois degrès avant de
parvenir à la premiere *récolte*.

Trois efpeces *d'avances* ou de dépenfes productives : avances *foncieres*,
avances *primitivès*, avances *annuelles*.
Tel eft, Madame, le précis de ce premier chapitre, qui doit refter profon-

dément imprimé dans votre tête, avant
de passer outre; mais pour les mieux
graver il faut vous accoutumer à les
peindre à vos yeux, & à vous en faire
des tableaux qui feront les premieres
ébauches du fameux Tableau économique.

N°. I X.

Premier Tableau économique.

Vous allez voir, Madame, que nous
avons entrepris un travail qui n'eft pas
bien difficile. Voici en quoi confiftera
notre premier Tableau.

O R D R E   D I R E C T.

1°. Terre en friche, ou fol en non valeur.

Dépen-
fes pro- { 2°. Avances foncieres.
ductives. { 3°. Avances primitives, } *De la Culture,*
{ 4°. Avances annuelles, } *ou de l'exploita-*
{ *tion.*

5°. Récolte qui en réfulte.

ORDRE RÉTROGRADE.

1°. Récolte actuelle.

Dépen- { 2°. Avances annuelles, } De la Culture,
ses pro- { 3°. Avances primitives, } ou de l'exploita-
ductives. { 4°. Avances foncieres, } tion.

5°. Terre en friche, ou sol en non valeur
qu'on a rendu productif.

C'est ce qu'il faut imprimer d'abord en caracteres ineffaçables dans votre imagination, ce n'est pas tout, & voilà des calculs qui vont suivre, mais ils ne sont pas effrayants.

Nº. X.

Second Tableau économique calculé.

Déja vous devez, Madame, en savoir assez pour faire vous - même les comptes que je vais mettre ici en exemples, il s'agit des avances annuelles, de

leur proportion avec les avances primitives & avec l'entretien de ces dernieres.

Le premier objet à fixer, c'est la valeur des avances annuelles; fuppofons-
la de deux mille livres, combien vau-
dront les avances primitives? c'est la
premiere queftion : vous multipliez par
cinq, cinq fois deux font dix, donc nous
aurons dix mille livres *d'avances primitives*, premiere folution : quant à l'entretien, vous êtes la maîtreffe de prendre comme il vous plaira, ou la dixieme
partie de ces mêmes avances primitives,
ou fi vous voulez la moitié des avances
annuelles. Voici donc le tableau, dont
les *avances annuelles* occupent le centre ou la place du milieu; les *avances
primitives* la ligne fupérieure; & leur
entretien la ligne inférieure.

Premier Exemple.

Avances primitives,
cinq fois 2 mille liv.
valent 10 mille liv.

Avances annuelles
2 mille livres.

Entretien des avances
primitives, le dixie-
me de 10 mille l. ou
la moitié de 2 mille l.
valent mille livres.

Second Exemple.

Avances primitives,
cinq fois sept mille l.
valent 35 mille liv.

Avances annuelles
7 mille livres.

Entretien des avances
primitives, le dixie-
me de 35 mille liv. ou
la moitié de 7 mille l.
valent 3500 livres.

Il faut, Madame, vous bien familia-
rifer avec ce calcul ; vous faurez quelles
font les dépenfes *produ&ives* , ou les
avances des trois efpeces, qui préparent
la *récolte.*

C'eft le premier objet à confidérer ;
à bien connoître & à bien retenir, pour
entendre le Tableau économique dans
fa totalité & dans fes conféquences.

CHAPITRE II.

CHAPITRE II.

De la réproduction totale, des reprifes & du produit net.

Nº. PREMIER.

De la réproduction totale.

JE ne vous ai tenu, Madame, qu'un feul inftant les yeux attachés fur la *récolte* des productions naturelles, & tout à coup je vous ai fait rétrograder fur les *avances* annuelles, primitives & foncieres, qui font les *dépenfes productives*, les moyens efficaces dont l'homme fe fert pour provoquer la fécondité de la nature.

Revenons fur cet objet qui doit être toujours notre point capital, & le centre d'où partiront toutes nos fpéculations. Vous avez vu dans le premier Chapitre tout ce qui *précede* & prépare la *récolte* : confidérons - là maintenant

E

en elle - même avant de paffer outre , &
d'examiner ce qui doit la *fuivre.*

Nous allons avoir encore trois objets
à diftinguer dans cette maffe générale
de productions diverfes, que les hommes ont recueillie chaque année des
mains de la nature ; mais vous verrez
tout-à-l'heure , Madame, que ces objets vous font déja connus, & que vous
êtes fans le favoir très familiarifée avec
les idées qu'il s'agit de ranger à leur
place , & de graver encore profondément dans votre efprit.

La *récolte* annuelle eft donc ce qu'on appelle *réproduction totale* , c'eft le premier
objet , & elle fe divife néceffairement
en deux portions, favoir *en reprifes* & en
produit net, c'eft ce que vous entendrez
facilement moyennant deux mots d'explication fur l'idée du *Cultivateur* auquel appartiennent les *reprifes,* & du
Propriétaire auquel appartient le *produit
net.*

N°. I I.

Du Propriétaire.

Vous vous souvenez, Madame, des définitions assez claires que nous avons établies des trois especes d'*avances* productives. Vous avez vu que les *avances foncieres* préparent le sol, le disposent à la culture & à l'exploitation, mais qu'elles ne sont elles-mêmes ni culture, proprement dite, ni exploitation. Les édifices de la ferme, des celliers, de la serre, de la fonderie & autres semblables ; les nivellements des champs, les fossés, les clôtures, les premieres plantations, l'ouverture des terreins pour en extirper les obstacles, tout cela n'est que *préliminaire*, les dépenses en sont grandes, sans doute, mais c'est par elles que s'acquiere la vraie, la juste, l'utile *propriété* fonciere. Jusqu'au moment où se font ces premieres *avances*, la propriété qui est accordée par des actes de

E ij

l'autorité publique, tranſmiſe par ſuc-
ceſſion, ou acquiſe à prix d'argent, n'eſt
gueres que le droit excluſif de rendre
un jour le ſol capable de produire.

Acheter un héritage ci-devant mis en
valeur, c'eſt rembourſer au premier défricheur ou à ſes repréſentants, le capital
qu'il avoit dépenſé pour cet objet, & à
ce titre lui ſuccéder en tous ſes droits.

Mais, Madame, le créateur ou l'acquéreur d'un jardin, d'un vignoble,
d'une ferme ou de tout autre bien ſem-
blable, qui rapporte annuellement des
productions naturelles, a deux partis à
prendre après ſa création ou ſon acquiſition, celui d'exploiter par lui-même,
d'en prendre les ſoins & d'en faire les
frais, ou celui d'appeller un autre pour
faire cette exploitation ſuivant les conditions dont ils ſeront convenus.

Le rôle du Propriétaire ſe borne donc
aux avances foncieres. Combien de gens
achettent des terres en valeur, & les

laiffent entre les mains des anciens Fermiers fans jamais fe mêler en rien de
leur culture & de leur production?

N°. I I I.

Du Cultivateur.

Le rôle du Cultivateur confifte donc
à faire les avances *primitives* & les
avances *annuelles* de la culture ou de
l'exploitation, le *Propriétaire* peut en
prendre la peine & en faire la dépenfe,
mais alors il eft chargé d'un double per-
fonnage; il eft en même tems *Propriétaire* & *Cultivateur*.

Cette diftinction eft bien fimple &
bien facile à retenir, *acheter* à fes dépens les inftrumens & les outils qui doivent *fervir* continuellement à l'exploitation ou à la culture, avec les animaux, les graines & femences de toute
efpece, qui en font le premier établiffement, ou les avances primitives;
puis payer *annuellement* la folde des

ouvriers & la fubfiftance des animaux
quelconques employés journellement
aux travaux champêtres qui fe renouvellent fans ceffe, c'eft être le *Cultiva-*
teur, le véritable Chef & l'Entrepre-
neur de l'exploitation.

Ainfi, Madame, vous êtes véritable-
ment *cultivatrice* en chef de votre jardin potager, parceque vous avez acheté, & que vous entretenez à vos dépens tous les outils & inftrumens divers
du jardinage, parceque vous falariez
annuellement votre maître Jardinier &
fes Ouvriers ; mais fi vous preniez le
parti de le donner à loyer, comme on
fait des marais ou terres légumieres qui
font dans les faubourgs & dans les en-
virons de Paris, vous ne feriez plus que
Propriétaire ; le Jardinier qui le pren-
droit de vous à titre de location, feroit
lui-même les avances primitives & les
avances annuelles, il en feroit le *Culti-*
vateur.

Nº. I V.

Des reprifes du Cultivateur.

La totalité des *avances annuelles* & l'entretien des *avances primitives*, c'eft-là, Madame, les deux objets que nous appellons *reprifes du Cultivateur*; parceque'en effet, il en doit *reprendre* chaque année, la valeur fur la *récolte* ou fur la *réproduction totale*. C'eft une portion privilégiée, qu'il faut prélever *néceſſairement* avant tout pour continuer l'exploitation; fans cette reftitution, la culture ceffe-roit tout-à-coup, ou du moins iroit fans ceffe en fe dégradant, jufqu'à fon extinction totale.

Concevez un honnête *Cultivateur*, qui tient de vous, pour neuf années, une ferme de trois charrues, ou de trois cents foixante arpents de terre : qui, dans le moment du premier établiffe-ment, la garnit d'inftruments aratoires, de meubles, d'outils, d'animaux do-

meſtiques, de vivres & de ſemences ;
pour la valeur de trente mille livres de
capital ou d'*avances primitives*, & qui
fait annuellement ſix à ſept mille francs
d'avances annuelles ; en quel état eſt-il
juſte, eſt-il convenable, eſt-il intéreſ-
ſant, même pour toute eſpece de bien
public, qu'il ſe trouve à la neuvieme
année, lorſque ſon bail expirera ?

L'équité vous dit, Madame, que
ſon *fonds primitif*, ſon capital de trente
mille livres, doit être plutôt *augmenté*
que *diminué ;* car enfin, toute peine vaut un ſalaire, toute avance de
fonds exige un honnête intérêt, tous
riſques & périls habituels demandent
une conpenſation du fort au foible : ces
principes n'ont pas beſoin de preuves.

Voudriez-vous, Madame, vous en-
gager à dépenſer d'abord beaucoup d'argent, à travailler ſans ceſſe pendant neuf
ans, depuis le lever de l'aurore juſqu'au
coucher du ſoleil, à eſſuyer en plein
champ

champ l'ardeur de l'été, & la rigueur
des autres faisons, à être en outre continuellement expofée à perdre *une grande*
partie des fonds que vous auriez avan-
cés, & très affurée d'en perdre au
moins une portion à la fin des neuf ans,
le tout pour faire le *profit* d'un étranger
qui ne vous en auroit aucune obliga-
tion ; mais au contraire, qui fe feroit
de vos engagements un titre pour vous
méprifer, pour vous dominer, pour
vous vexer ? confeilleriez-vous à quelqu'un de ceux que vous honorez de votre amitié, de faire un pareil emploi de
fon argent, s'il en avoit à placer d'une
maniere avantageufe & agréable ? non
fans doute, ce parti vous fembleroit une
folie.

Tel feroit cependant, Madame, le
fort de tous les *Fermiers*, s'ils ne préle-
voient pas fur chaque *récolte* ces portions
privilégiées, ces portions inviolables

F

& facrées que nous appellons *reprifes* d'un *Cultivateur.*

S'il a fallu dépenfer, pendant le cours de l'année, cinq à fix mille francs à la culture de la terre, pour fe procurer le récolte de *grains* qui remplit aujourd'hui la grange de votre Fermier ; il n'en faudra pas moins avancer pendant le cours de l'année qui va courrir, pour avoir l'été prochain, la même production à recueillir.

Commençons donc par prélever, fur la *réproduction*, la totalité de ces avances *annuelles* ; c'eft la premiere *portion* de la *récolte préfente* : elle appartient *néceffairement* à la *récolte future* qu'elle doit produire

Mais l'*entretien* habituel des avances primitives, la rénovation des animaux & des inftruments, ne font pas moins indifpenfables à la *culture*, d'où dépend la *récolte* avenir. Ce n'eft donc pas affez

de prélever & de mettre à part les femences, les fubfiftances tant des hommes que des animaux , les falaires
des ouvriers & des domeftiques ; il
faut attribuer une *feconde portion* de la
récolte préfente à cet *entretien* des avances primitives. Vous avez beau laiffer
au Fermier le fourrage & l'avoine pour
quatre chevaux, même de quoi nourrir
& payer le chartier; fi fa charrue elle-
même a befoin d'être renouvellée, fi
deux de fes chevaux font hors de fervice , vous n'avez pas fuffifamment
pourvu à la continuation de fa culture.

Vous avez vu, Madame, que nous
adjugions ordinairement au *Cultivateur*
la moitié des avances *annuelles* pour ce
fecond objet de *reprifes*. Si nous fuppo-
fons deux mille francs des *dépenfes* de la
premiere efpece, il faudra prélever cent
piftoles pour celles de la feconde.

Il eft bon de remarquer que dans le
fecond chapitre des *reprifes*, font com-

F ij

pris trois articles, savoir : 1°. l'intérêt
du capital avancé par le Cultivateur,
lors de son premier établissement ;
2°. l'*entretien* habituel de son fonds d'exploitation ; 3°. la compensation des risques & des pertes.

Si vous réfléchissez sur ces trois articles, vous trouverez, Madame, que
ce n'est pas trop d'un dixieme du fonds
primitif, ou de dix pour cent, c'est-à-dire
de mille francs sur dix mille. Voyez quel
est aujourd'hui le sort des Fermiers, ou
des Propriétaires qui font valoir des vignes. Il n'est presque point d'années où
quelques unes des productions cultivées
ne souffrent ainsi de la variété des sai-
sons ; tantôt ce sont les grains de l'une
ou de l'autre espece, tantôt les fruits,
tantôt les fourrages, tantôt les animaux
domestiques.

On ne comprend point dans le second article des *reprises*, la rétribution
du Fermier, sa nourriture, son entre-

tien, celui de fa famille, l'éducation de
fes enfants; vous voyez, Madame,
que cet objet doit entrer dans les *dépenfes annuelles*. C'eft bien affez, c'eft
fouvent trop, que l'intérêt à dix pour
cent des avances primitives ait à fup-
porter les trois objets que je vous ai
détaillés tout-à-l'heure.

Vous concevez, à préfent, que ces
deux premieres portions de la *récolte*,
appellées *reprifes*, appartiennnent en effet à titre de *juftice* au *Cultivateur*; di-
fons mieux & plus vrai, Madame, elles
appartiennent à la culture elle-même,
qui comme vous voyez, ne peut fe
maintenir fans elles.

Jufqu'ici je n'ai parlé que du Cultivateur & de fon fort, allons plus loin,
penfons aux *Propriétaires*, penfons aux
Souverains & à tous les hommes qui
compofent la Société. Croyez-vous,
Madame, que ce foit, pour eux tous,
une chofe indifférente que le préleve-

ment des *reprifes* fur chaque récolte?

Vous favez que ce font les *avances* qui rendent la terre féconde, que de grandes *avances* occafionnent une grande *production* ; il eft donc très intéreffant d'attirer autant qu'on peut les richeffes à la terre, de procurer de grandes avances foncieres, primitives & annuelles, afin d'avoir les meilleures récoltes qu'il foit poffible.

Si les *Propriétaires* des fonds de terre poffedent un certain capital, fuppofez par exemple un milliard ou mille millions, plus ou moins dans un Royaume : pour juger combien la *culture* fera riche, & par conféquent combien les récoltes feront abondantes, il faut favoir fi les *Propriétaires* feront feuls à faire tous les *frais*, s'ils feront obligés de prendre eux-mêmes le rôle de *Cultivateurs*, de fournir toutes les dépenfes *primitives* du premier établiffement, & toutes les dépenfes *annuelles* de l'exploitation, ou s'ils se borneront aux dépenses *foncie-res* ; s'ils trouveront une autre classe d'hommes, qui ait par exemple un second milliard à mettre en avances *primitives* & en avances *annuelles*.

Dans le premier cas, vous concevez que la *culture* sera beaucoup moins riche, la *récolte* beaucoup moins abondante ; & que les Propriétaires auront plus de soins à prendre & de risques à courir. Dans le second cas, au contraire, les avances des trois genres seroient doubles, la production totale proportionnément plus forte ; & les Propriétaires n'auroient qu'une seule espece de dépense à faire, celle des avances foncieres ; leurs soins & leurs risques seroient beaucoup moindres.

Rien n'est donc plus avantageux aux Propriétaires des fonds de terre, que l'existence d'un grand nombre de riches Entrepreneurs de *Culture*, ou d'exploitation rurale de tous les genres, qui

puiſſent & qui *veuillent* confacrer de
grands biens aux avances *primitives* &
annuelles, & qui ne leur laiſſent, à eux
Propriétaires, que les avances foncieres.

Si vous héritiez actuellement de mille
arpents de terre inculte & deux cents
mille francs d'argent; votre intérêt feroit, Madame, de pouvoir employer
tout-à-coup vos deux cents mille livres
à défricher vos mille arpents de terre,
pour en faire trois beaux & grands domaines, que vous pourriez affermer
douze ou quinze mille livres; mais il
faudroit pour cela, trois gros Fermiers,
qui puſſent apporter chacun trente mille
livres dans ſa ferme, & y dépenſer,
chaque année, au moins ſix mille liv.

Si vous n'aviez point de Cultivateurs
qui puſſent ou vouluſſent prendre votre
bail, il faudroit partager vos deux cents
mille livres, ne défricher que trois ou
quatre cents arpents de terre, ne former qu'un ou deux domaines, faire

vous-

vous - même les avances primitives de trente mille livres, & les avances annuelles d'environ six mille livres, prendre tous les soins & courir tous les risques.

La récolte entiere du domaine seroit pour vous; mais quand vous auriez prélevé les femences, les subsistances, les salaires, les entretiens, les réparations & rénovations, c'est beaucoup s'il vous restoit cinq ou six mille livres de rente, quitte & net.

Concevez par là, Madame, combien le fort des *Cultivateurs* & de leurs richeffes, touche de près à la fortune & au bien-être des *Propriétaires*.

Quant au profit du Souverain & des autres claffes de la Nation ; vous le voyez tout naturellement, résulter de celui des *Propriétaires*. Il est d'une suprême évidence, Madame, que plus vous auriez de revenu quitte & net de vos terres, plus vous pourriez payer au

G

Roi, fans vous mettre trop à l'étroit; plus vous pourriez *faire vivre* par votre *dépenfe*, les Artiftes & les Ouvriers de tous les genres.

Le *bien général* de la Société civile exige donc que la claffe des *Cultivateurs* en chef devienne chaque jour plus nombreufe & plus opulente; que toutes les richeffes, une fois confacrées à cette noble deftination, y reftent à jamais, & qu'il s'y confacre fans ceffe de nouveaux fonds. La multitude & l'opulence des Fermiers met les biens à l'enchere, & rend meilleur le fort des *Propriétaires*, fans rendre moins bon celui des *Cultivateurs*; parceque plus ils font riches, *mieux* ils travaillent la terre; *mieux* ils travaillent, plus ils *récoltent*.

C'eft fous ce point de vue, vraiment *politique*, Madame, que vous devez toujours confidérer les *reprifes* du *Cultivateur*. Dites hardiement, *malheur* aux *Propriétaires*; *malheur* aux Négociants,

aux Artiftes, aux Ouvriers de tout genres; *malheur* aux *Souverains*; *malheur*
enfin à tous les *Empires*, quand ces *reprifes* font enlevées au Cultivateur;
c'eft-à-dire à la terre même, dont la
fécondité dépend d'elles.

Nº. V.

De la fpoliation de l'Agriculture.

Attaquer de quelque maniere que ce
foit les *reprifes* du Cultivateur, c'eft,
Madame, ce qu'on appelle dans le lan-
gage économique *fpolier* l'Agriculture;
c'eft-à-dire altérer les *richeffes d'exploitation* qui forment les avances *primitives* & les avances *annuelles* de la *culture*; caufes *productives* de la récolte.

Il eft je crois très important que nous
fixions notre efprit fur les divers abus
qui peuvent occafionner cette *fpoliation*, & fur quelques-unes des fuites
funeftes qui en réfultent néceffairement.

G ij

Vous favez maintement que les *re-prifes* du *Cultivateur* font formées de deux objets, dont chacun exige qu'il préleve & mette à part, pour *lui feul*, une por-tion de la *récolte*, favoir : 1°. de la *totalité* des avances *annuelles* ; 2°. de *l'entretien* des avances *primitives*, lequel *entretien* vaut la moitié des avances *annuelles*.

Mais, Madame, dans le premier ob-jet, c'eft-à-dire dans la *totalité* des avan-ces *annuelles*, nous avons compris la fubfiftance & l'entretien du Cultivateur en chef, de fa famille, de fes ouvriers & domeftiques agricoles. Confidérons ce premier article. C'eft affez naturel-lement par-là, que commence la *fpoliation* de la culture, & la ruine des Etats, qui en eft la fuite infaillible.

Suppofez qu'un Fermier, qui avance vingt, trente, quarante mille livres de fonds primitif, foit *forcé* de payer une fi forte redevance aux Propriétaires, au Seigneur, à la dixme, aux impôts,

qu'il fe voie réduit à la malheureufe né-
ceffité de *vivre mal*, de fe priver d'habits
& de meubles honnêtes, de mal nourrir fes gens, de les payer peu ; que
croyez - vous qu'il en réfultera ? Que
tôt ou tard, lui ou fes enfants, quitte-
ront la profeffion de *Fermier*, dans laquelle on eft *mal*, pour en embraffer
d'autres, qui font toujours en grand
nombre dans un Etat, & qui font *vivre
mieux*, avec moins de peines, de rifques & d'*avances*. Il ne faudroit pas connoître l'homme, pour penfer que le
contraire foit long temps & générale-
ment poffible.

Non-feulement le *Cultivateur* en chef,
mais encore fes propres ouvriers & domeftiques déferteront aux premieres
occafions, quand ils feront *mal* à la
ferme & trouveront *mieux* ailleurs.

Concevez en paffant, par ce feul
mot, Madame, quel eft le mérite de
ces longues & vagues déclamations que

vous avez entendu faire souvent à nos
prétendus Politiques citadins, sur la dé-
population de nos campagnes, & quelle
est la futilité des petits moyens imaginés
par eux, pour rémédier à ce mal trop
grand & trop réel.

Comparez l'habillement, la nourriture, le logement & le travail de vos
laquais & de vos femmes, avec celui
des domestiques & des manouvriers de
la campagne; comparez l'Etat de votre
Avocat, de votre Procureur, de votre
Intendant, & celui d'un de vos Fermiers
& de sa famille. Si vous étiez à leur place
& que vous eussiez à choisir, que feriez-
vous ?

C'est un malheur sans doute, que les
campagnes fournissent continuellement
aux Villes ces troupes de déserteurs
de l'Agriculture; c'est une vérité si évi-
dente que tout le monde en convient.
Mais comment les y retenir ? comment
les y renvoyer ? C'est-là où se divisent

les opinions des raisonneurs systéma-
tiques.

Voulez-vous résoudre la question d'un
seul mot ? le voici, Madame, ce mot
bien simple & bien naturel. Pourquoi
quittent-ils les campagnes & viennent-
ils dans les Villes ? c'est qu'ils sont *mal*
à la Campagne & *bien* à la Ville ; il faudroit donc qu'ils fussent *bien* à la Campagne, ils y resteroient, c'est le vieux
proverbe fondé sur la raison même &
sur l'expérience de tous les tems, *où l'on
est bien on se tient ;* de dix hommes qui se
sentent *bien*, il n'en est qu'un tout au
plus qui se déplace sous l'espoir d'être
mieux.

Seriez-vous encore d'humeur de poli-
tiquer un moment avant de revenir à
nos moutons, voyez quelle belle idée de
regarder les Habitans des Campagnes,
les *Cultivateurs* en chef eux - mêmes,
leurs ouvriers & domestiques, comme
le rebut d'une Nation ; quelles belles

inventions que toutes les servitudes qui les vexent & les dégradent, telles que tous les services forcés, les impôts arbitraires, les collectes, les corvées, les enrollement par le sort, & même pour parler vrai, tout ce qu'on appelle *priviléges*, distinctions des Villes & de leur bourgeoisie.

Par cette petite digression sur le sort des *Cultivateurs*, sur tout ce qui pourroit intéresser leur personne, leur condition, leur famille, vous concevez maintenant ce que j'appelle la premiere cause de la *spoliation*.

C'est la *désertion* des Cultivateurs en chef avec leurs richesses d'exploitation qu'ils viennent consacrer à d'autres emplois dans les Villes. Ces déserteurs cessent de *cultiver*, & la raison qui les fait fuir des campagnes, empêche que d'*autres* sortent des Villes pour les remplacer, les ouvriers qui les aidoient en leur exploitation sont bien-tôt obligés à

les

les venir fervir, quand ils font devenus
Bourgeois, Négocians, Artifans, vivant
aux dépens des Propriétaires & des Agricoles qui reftent dans leur état.

Le fecond degré de *fpoliation*, c'eft
la déprédation ou diminution des avances *annuelles*, confidérées non pas relativement à l'entretien des hommes,
comme nous venons de faire, mais relativement aux autres objets qui compofent ces avances *annuelles*, telles que
les nourritures d'animaux, les femences
& les travaux journaliers.

Si par quelque raifon que ce puiffe être,
un Cultivateur en chef chargé de con-
duire une exploitation rurale, n'a plus
entre fes mains de quoi faire les avances *annuelles*, comme il les faifoit ci-
devant, il faut qu'il cultive *moins* ou
plus mal; & vous ne ferez certainement
pas embaraffée à deviner ce qui doit en
réfulter à la *récolte* prochaine. Perfonne,
je crois, ne balanceroit à le prédire :

H

toutes chofes reftant égales d'ailleurs, celui qui met *moins* à la terre, en retire *moins.*

Obfervons , que ceci forme une échelle , & que ce pauvre Cultivateur, une fois lancé, va déchoir de plus en plus. Suppofons qn'il mettoit ci-devant, chaque année, à fa terre, quatre mille liv. qui rapportoient douze mille liv. de *production totale* , à raifon de *trois* pour *un.* Ses reprifes étoient , 1°. quatre mille liv. d'*avances annuelles ;* 2°. deux mille livres d'*entretien* des *avances primitives,* en tout fix mille francs de reprifes, & fix mille francs de *produit net* , qu'il payoit aux *Propriétaires* , à la dixme, à l'impôt.

S'il eft obligé cette année de retran-cher deux cents livres de fes *avances an-nuelles* , il ne mettra plus que trois mille huit cents livres à fa terre , il ne retirera donc plus de production totale que onze mille quatre cents livres , au lieu de douze mille; c'est six cents livres de réproduction anéanties.

Mais, Madame, si le Propriétaire & l'impôt ordinaire continuent à lui enlever six mille francs, à titre de produit net, & que la cause extraordinaire qui le forçoit à retrancher encore deux cents livres de ses avances *annuelles* subsiste toujours, vous allez voir quel sera son état l'année suivante.

Sur onze mille quatre cents livres, on lui retranche six mille deux cents livres, il ne lui reste plus que cinq mille deux cents livres; si vous en retiriez deux mille livres pour l'entretien des avances annuelles, il n'auroit plus que trois mille deux cents livres à mettre à la terre, & la *réproduction totale* ne seroit que de neuf mille six cents livres, au lieu de douze mille.

Ce tableau de spoliation vous conduit, Madame, au troisieme degré. Il consiste dans le dépérissement des *avan-*

ces primitives, qui ceffent d'être entre-
nues, réparées, renouvellées comme
elles devroient l'être ; on néglige, on
patiente, on remplace de beaux & bons
chevaux, par de mauvais, on épargne
fur les troupeaux, fur les inftruments.

Le réfultat de cette dégradation, quel
eft-il, Madame ? Pour le *Cultivateur* ;
c'eft qu'il a mené une vie dure & mifé-
rable ; qu'il a fouffert de plus en plus
chaque année ; qu'il a vu fes récoltes
diminuer, & fes charges devenir plus
pefantes ; enfin, que fon fonds *primitif*,
fes avances de premier établiffement
ont dépéri de jour en jour ; que fon
attelier d'exploitation qui valoit, par
exemple, vingt mille livres & au-delà,
n'en vaut pas douze à l'expiration de
fon bail. Mais pour le *Propriétaire* particulier ; le réfultat eft que fa terre a été
cultivée de *plus mal* en *plus mal*, pendant plufieurs années, & qu'elle a long-
temps à s'en reffentir. Pour tous les *Pro-*

priétaires ; il y a double perte, fi les fléaux qui caufent la *fpoliation* des *richef-fes agricoles* tombent fur tous les *Cultiva-teurs*, non - feulement toutes les terres font dégradées ; mais les Fermiers étant *tous* plus ou moins *ruinés*, ne *peuvent* plus réparer ce mal, ils font tous forcés de diminuer le *prix* de leurs *baux*.

Voilà, Madame, un premier apper-çu du caractere & des effets de la *fpo-liation* des richeffes d'*exploitation*. Elle fe fait fentir très defaftreufement, fitôt que le *Cultivateur* eft empêché par quel-que caufe que ce foit, de *prélever fes re-prifes* fur la *réproduction totale*, fitôt que fon *fort* perfonnel, & celui de fes coad-judants devient *pire*, fitôt qu'il eft obligé de *diminuer fes avances annuelles*, ou de *négliger l'entretien* de fes *avances primi-tives*. Alors les *richeffes* fuyent de la ter-re ; elle eft *moins* cultivée, elle donne moins de *récolte*.

Par la raifon contraire, quand le *fort*

des Cultivateurs eft *bon*, quand c'eft un
fage & profitable emploi de fon argent,
que de le confacrer à la terre, quand
les avances annuelles vont en croiffant
plutôt qu'en diminuant, quand les avances primitives font *améliorées* plutôt que
négligées, la terre à laquelle plus de
richeſſes font incorporées, donne plus de
productions ; & voilà ce qui fait la profpérité des Empires, le bien des Souverains, & des fujets de toute efpece qui
vivent fous leurs Loix.

Si votre Fermier, qui mettoit annuellement à fa terre quatre mille livres
pour en tirer douze, pouvoit en mettre
cinq pour en tirer quinze, fes *reprifes*
feroient, 1°. cinq mille livres d'*avances
annuelles* ; 2°. deux mille cinq cents liv.
d'entretien de fes avances primitives,
en tout fept mille cinq cents livres, au
lieu de fix mille ; mais le refte feroit
auffi de fept mille cinq cents livres, à
partager entre le Propriétaire, la dixme

& l'impôt, au lieu de fix mille. Si vous aviez un *revenu* ainfi augmenté d'un cin-quieme à la fin de votre bail, vous pour-riez payer un cinquieme de plus au Roi, & dépenfer un cinquieme de plus pour vous & votre famille, dépenfe qui fe-roit *vivre* les Ouvriers, Marchands, Ar-tiftes & autres qu'il vous plairoit d'em-ployer.

Par exemple, fi de fix mille livres vous en donniez au Roi cent piftoles, & en dépenfiez cinq pour vous & les vôtres; de fept mille cinq cents livres vous en donneriez douze cents cinquan-te livres au Roi, & il vous en refteroit fix mille deux cents cinquante livres, qui feroient *vivre* bien des gens par vo-tre dépenfe augmentée, comme vous voyez, de douze cents cinquante liv. fur cette feule ferme.

N°. VI.

Du Produit net.

Quand on a *prélevé* fur la *réproduction totale* de l'année, les *reprifes* du Cultiva-teur, le refte s'appelle donc le *produit net* ou *revenu difponible.* C'eft la part du *Pro-priétaire*; c'eft-là, Madame, ce qui fe *marchande*, ce qui fe *vend*, ce qui s'a-*chette*, quand on paffe un bail à ferme d'une terre, d'un pré, d'une vigne, &c.

Voici l'opération que font ou doivent faire le Cultivateur & le Propriétaire. En mettant fur ce fonds d'abord telle fomme *d'avances primitives*, puis chaque année, telle fomme *d'avances annuelles*, outre l'entretien de ces *avances primitives*; il eft *probable* que j'en pourrois retirer, dans les très bonnes années, telle fomme de réproduction totale; dans les bonnes, tant; dans les médiocres, tant; dans les mauvaifes, moins; dans les très mauvai-fes, encore moins. Il faut prendre à-peu-près

près le taux moyen, c'eft-à-dire celui des
années médiocres, afin que les bonnes
& les très bonnes compenfent les mauvaifes & les très mauvaifes.

A ce calcul le Propriétaire n'a qu'une
feule objection à oppofer, elle eft relative aux *fonds primitif* avec lequel ce Cultivateur fe préfente pour entreprendre
l'*exploitation.* Il eft certain que fi fon
fonds eft *trop foible*, il ne peut pas faire
valoir affez *bien*, il ne peut pas donner
le *revenu* convenable, il ne peut pas
manquer de dégrader la terre.

Concevez je vous prie, Madame, par
cette derniere réflexion, combien il eft
intéreffant, pour les Propriétaires, qu'il
y ait un grand nombre de très riches
Cultivateurs, foit de leur propre bien,
foit de celui d'autrui. C'eft le nombre
des Fermiers & leurs moyens qui font
néceffairement la Loi aux Propriétaires,
lorfqu'il faut paffer un bail.

Suppofez que dans une Province,

I.

nous ayons fi bien fait pendant quelques années, que les *richeffes d'exploitation*, les capitaux agricoles, les fonds primitifs de ceux qui *font valoir* leur terre ou celle d'autrui, foient augmentés jufqu'au double de ce qu'ils étoient; toutes chofes étant égales d'ailleurs, la *réproduction totale* doit être au moins double; fur quoi prélevant les *reprifes* doubles, il *refle* un *produit net double*; c'eft-à-dire que vos Fermiers vous donneroient un prix *double* de votre terre, & qu'ils y gagneroient le *double*.

Tout au contraire, fi nous avions fait *fi mal* pendant ce même efpace de tems, que les *richeffes d'exploitation* fuffent diminuées jufqu'à moitié de ce qu'elles étoient, la réproduction, les *reprifes* & & le *produit net* feroient réduits à la moitié.

Concluez, Madame, que les Propriétaires, qui s'embaraffent peu de *ruiner* leurs Fermiers, qui les livrent à des

Gens d'affaires ignorants, intéreſſés &
vexateurs, élevés dans le ſein des Villes,
dans le cahos de la chicane, dans le
centre de la fraude & de l'uſure, travaillent, ſans le ſavoir, à leur ruine,
à celle de leur poſtérité, au détriment
du Souverain & de l'Etat.

Concluez que le *fort* des hommes précieux qui *cultivent* leurs fonds, ou celui
des autres, n'eſt indifférent pour per-
ſonne, depuis le ſceptre juſqu'à la hou-
lette. Tout ce qui les gêne, les avilit,
les moleſte, les dépouille, fait à la ſo-
ciété civile les plaies les plus cruelles :
que tout ce qui les ennobliroit, tout ce
qui pourroit opérer leur bien-être, leur
aiſance, leur richeſſe, eſt une ſource
féconde de proſpérité, pour toutes les
claſſes de Citoyens qui compoſent les
plus grands Empires, depuis le Souverain, lui-même, juſqu'au dernier des
mendiants.

Idée ſimple & vraie, mais ſublime,

qui éleve l'ame, qui éclaire la raison,
& qui pénetre le cœur d'une jufte fen-
fibilité ; je vous en réferve, Madame,
un plus grand développement pour la
fuite de notre explication.

Nous avons maintenant une réflexion
à faire fur le *produit net* ou fur le revenu
des *Propriétaires*. Vous voyez que c'eft
l'intérêt & la récompenfe des *avances
foncieres*, que c'eft le *moyen* de les *entretenir*, car il y a auffi des réparations,
des réconftructions, des *frais* habituels
qui font à la charge des Propriétaires ;
ils ont des rifques à courir, les accidens
naturels peuvent ruiner leurs édifices,
endommager leurs plantations, dégrader leurs fonds : il faut quelquefois *atten-
dre* les Fermiers, & il arrive des ruines
qui font *perdre* une partie des redevances.

Il en eft du *produit net*, par rapport
aux *Propriétaires*, comme des *reprifes* par
rapport aux *Cultivateurs*. Si les terres
rapportent en *produit net* un bon inté-

rêt de l'argent qu'on met en *avances foncieres* ou en acquifition d'un bien tout
fait , fi en conféquence le fort des Propriétaires eft *bon* , alors on emploie vo-
lontiers fon argent à défricher des fonds
ou à les acquérir , alors les richeffes
s'incorporent à la terre de plus en plus ,
le fol dévient fécond & le Pays eft *en-
tierement* cultivé , autant qu'il peut l'être.

Au contraire , fi le *produit net* des
fonds devient , par quelque caufe que
ce foit , peu confidérable en comparaifon des profits que procure un autre emploi de fon argent , les richeffes fuyent
la terre , loin de s'y attacher ; on ne fait
point , ou peu d'avances *foncieres* , & on
les entretient mal ; d'où fuit d'abord la
mauvaife culture , bientôt les landes &
les deferts.

Nous reviendrons par la fuite fur
cette fpéculation très effentielle.

N°. VII.

De la proportion entre les avances an-
nuelles & le produit net.

Dans tous les calculs du Tableau économique, vous trouverez, Madame,
qu'on commence par établir une proportion entre les *avances annuelles* & le
produit net ; cette opération arithmétique pourroit vous embarrasser, il faut
donc que je vous en donne ici l'explication.

Vous avez déja vu plusieurs fois que
la somme des *avances* annuelles regle
l'*entretien* des *avances primitives ,* puisque
cet entretien est précisément la moitié
des *avances annuelles.*

Maintenant vous savez, 1°. que ces
deux objets réunis, s'appellent *reprises*
du *Cultivateur ;* 2°. qu'il faut les *prélever*
sur la *récolte* ou *réproduction totale ,* &
que le *reste* s'appelle *produit net.*

Quand les *avances annuelles* sont pré-

cifément égales au *produit net* ; on dit
que la terre ou la *culture* rend *cent pour
cent* de *produit net* ; c'eft-à-dire que les
dépenfes annuelles étant de cent, le
produit net eft auffi de *cent*, ou d'une
fomme égale.

Si le *produit net* eft double des avances annuelles, on dit que la culture rend
deux cent pour cent.

Vous comprenez par-là, Madame,
ce que voudront dire ces expreffions :
» la culture qui rend cent cinquante
» pour cent » c'eft à-dire que le produit
net *excede* les avances annuelles précifément de la moitié de ces *avances*; par
exemple, que quatre mille livres d'*avances annuelles* donnent fix mille livres de
produit net.

Prenez bien garde, Madame, qu'il
s'agit de *produit net*, & non pas de *réproduction totale* ; ce qui eft bien différent,
puifqu'il faut retrancher toutes les *reprifes* fur la *réproduction totale* , pour

avoir le *produit net*, qui n'eſt que le *reſte*.

Nᵒ. VIII.

Réſumé du Chapitre Second.

Voici, Madame, la récapitulation de ce ſecond Chapitre.

La *totalité* de la récolte s'appelle *réproduction totale*, ou ſimplement réproduction.

Elle ſe partage entre les *Cultivateurs* & les *Propriétaires*.

Les Cultivateurs ſont les premiers, & leur part eſt appellée *repriſes*; les *Propriétaires* ſont les ſeconds, & leur part s'appelle *produit net*.

Les repriſes du Cultivateur conſiſtent 1ᵒ. en la *totalité* des *avances annuelles*, 2ᵒ. en l'intérêt à dix pour cent des *avances primitives*, ſomme conſacrée à leur *entretien*, & qui vaut la moitié des avances annuelles.

Par conſéquent les *avances annuelles* valant

valant *deux*, les *reprises* valent *trois*; c'eſt la regle fondamentale. Si le Cultivateur ne préleve pas ſes repriſes ſur la *récolte*, tout *va mal*, les richeſſes d'exploitation diminuent, la culture s'affoiblit, & la *réproduction totale* eſt *moindre*.

Les *repriſes* étant prélevées, *tout va bien :* le *reſte* de la *réproduction totale* s'appelle *produit net*, il appartient aux Propriétaires.

Quand le *produit net* procure un bon intérêt de l'argent qu'on a mis au défrichement d'un ſol, ou à l'acquiſition d'un *bien tout fait*, (ce qui ne ſe peut faire ſans que les richeſſes d'exploitation ſoient en bon état, & les *repriſes du Cultivateur* intactes); alors on met ſon argent à la terre, & *tout va bien*, parceque l'agriculture proſpere.

Tel eſt, Madame, notre réſumé, que je vous exhorte à ne pas oublier. C'eſt pour quoi nous en allons faire des Tableaux.

K

Nº. IX.

Troiſieme Tableau économique.

Récolte ou réproduction totale.

A partager entre { Le Cultivateur.
&
Le Propriétaire

Au Cultivateur appartiennent { Les repriſes.

Au Propriétaire { Le produit net.

Les repriſes conſiſtent, { 1º. En la totalité des *avances annuelles.*
2º. En la moitié des mêmes pour *entretien* des avances primitives.

Le produit net eſt { Tout le reſte de la réproduction totale.

Nº, X.

Quatrieme Tableau économique calculé.

Voici, Madame, des Exemples arith-
métiques.

Premier Exemple.

Réproduction totale : six mille livres.

A partager ainfi,

1º. *Reprifes.*   Savoir : avances annuelles deux mille livres;
Plus, entretien des avan-
ces primitives mille liv.

*Total des reprifes, trois
mille livres.*

2º. *Produit net.* Qui de fix mille livres de
production totale tire
trois mille l. de reprifes,
refte trois mille livres.

Produit net trois mille liv.

K ij

A comparer.   Avances annuelles valant trois mille livres,

avec

Le produit net, valant
trois mille livres.

Réfultat. *La culture rend*
cent pour cent.

Second Exemple.

Réproduction totale douze mille liv.

A partager ainfi,

1°. *Reprifes.*   Savoir : avances annuelles cinq mille livres.

Entretien des *avances pri-*
mitives, deux mille cinq
cents livres.

Total des reprifes, 7 mille
cinq cents livres.

2°. *Produit net.* De douze mille livres
j'ôte 7 mille 5 cents liv.
Produit net. Vaut 4 mille
cinq cents livres.

A comparer.   Avances annuelles cinq mille livres.

Produit net quatre mille cinq cents livres.

Réfultat. *La culture rend 90 pour cent.*

Troifieme Exemple.

Réproduction totale, 15 mille livres.

A partager ainfi,

1°. *Reprifes.* Savoir : avances annuelles quatre mille livres.

Entretien des avances primitives, 2 mille liv.

Total des reprifes fix mille livres.

2°. *Produit net.* Si de 15 mille liv. de production totale,

J'ôte fix mille liv. de reprifes,

Refte pour le produit net, neuf mille livres.

A comparer.   Quatre mille livres d'a-
vances annuelles,

avec

Neuf mille liv. de pro-
duit net.

Réfultat. *La culture rend
deux cents vingt - cinq
pour cent.*

Amufez-vous, Madame, à faire de
pareils Tableaux pour vous préparer
aux vrais Tableaux économiques, dont
ceux-ci ne font que les premieres ébauches.

CHAPITRE III.

Des Productions annuelles, & de leur distribution.

Vous avez distingué, Madame, dans la *récolte annuelle* ou *production totale*, deux portions essentiellement différentes ; savoir, les *reprises* du *Cultivateur*, & le *produit net* appartenant au *Propriétaire* ; vous savez maintenant l'art fort simple de discerner l'un & l'autre, de les apprécier, de les calculer.

Vous devez donc en ce moment vous peindre à l'esprit toutes les productions naturelles qui viennent d'être recueillies par les hommes, des mains de la nature, dans l'espace d'une année, les minéraux, les fruits, les animaux de toute espece, divisées en deux parties, dont la premiere forme les *reprises*, dont la seconde forme le *produit net*.

Nous allons voir maintenant à quoi peuvent & doivent être deftinées ces productions, dont le total a formé la *récolte* annuelle : nous allons en fuivre la *diftribution ;* c'eft-à-dire, Madame, qu'après avoir confidéré dans le premier Chapitre les *avances* qui précedent, préparent & operent la *récolte ;* après avoir confidéré dans le fecond cette *récolte* en elle - même , nous allons analyfer ce qui la *fuit.*

N°. PREMIER.

Diftinction fondamentale des productions naturelles par l'objet de leur deftination.

Vous devez, Madame, vous familia-rifer avec une idée bien fimple , mais bien grande & bien utile, qui vous fervira deformais dans toutes vos ré-flexions & vos études économiques. La voici : toutes *les productions natu-relles fe divifent en deux efpeces, dont l'une s'appelle* SUBSISTANCES*, & l'autre* MATIERES

MATIERES PREMIERES des Ouvrages de l'art.

Pour que cette diſtinction ſe grave mieux dans votre eſprit, nous allons l'expliquer en peu de mots.

Nº. I I.

Des ſubſiſtances en général.

Vous voyez déja, Madame, que par le mot général de *ſubſiſtances*, nous devons entendre *toutes les productions naturelles qui ſe conſomment pour la* NOURRITURE *des hommes*. Ainſi le mot de *ſubſiſtances* comprend les aliments, les boiſſons, les remedes mêmes. .

L'homme civiliſé emploie ſouvent beaucoup *d'art* à préparer ſes mets & ſes liqueurs uſuelles; mais il nous eſt aiſé de ne pas confondre, ici comme ailleurs, la forme & le fonds, la *matiere* & la *façon*. Nous parlerons enſuite de ce qui concerne *l'art* ou *l'induſtrie*; nous ne nous occupons ici que de la

L

matiere phyſique, dans l'état où la met
le Cultivateur, avant qu'elle ſorte de
ſes mains.

Ainſi, Madame, dans le *pain* mollet
qu'on ſert ſur la table de votre déjeu-
ner, nous ne conſidérons que le *bled*
qui va être *conſommé* pour votre *ſubſiſ-
tance* ; dans votre chocolat, que la va-
nille, le cacao, le ſucre & les épiceries
qui vont vous ſervir d'aliment ; nous
les conſidérons dans leur état brut &
ſortant des mains du Cultivateur françois, aſiatique, amériquain, ou de tout
autre qui les a produites & récoltées.
Voilà, Madame, ce qu'on appelle d'un
ſeul mot les *ſubſiſtances*.

Si vous vouliez, Madame, une cu-
rieuſe queſtion de mots, propre à faire
diſputer deux cents ans tous les Hiber-
nois, s'ils apportoient jamais leur chicane dans la Science économique, je
pourrois dès-à-préſent vous en donner
le plaiſir, en mettant le bois que vous

brulez ou faites bruler dans votre maifon, au Catalogue de vos *fubfiftances*;
car enfin, le bois n'eft ni *bu*, ni *mangé*,
mais feulement *brulé* pour votre ufage.

Cependant, comme il eft vrai que
cette *confommation* fubite du bois réduit
en cendre dans vos foyers, & le peu
d'art qu'on emploie pour le mettre en
buches ou fagots, ne reffemble point
du tout à l'ufage que vous faites de ces
bois de rofe & de violette qui *s'ufent* fi
doucement dans votre commode, ou
dans votre chiffonnerie, ni à l'art qui
les polit, les taille, les affortit pour
vous en faire un meuble de bon goût;
vous aurez la bonté de décider vous-
même fi le bois à bruler doit prendre
place parmi les *fubfiftances*, ou parmi
les matieres premieres des Ouvrages de
l'art; je fuis prefque perfuadé que vous ne
ferez point à l'ébene & au bois de Sain-
te-Lucie l'injure de les confondre avec
les buches & les fagots.

Lij

J'ai encore une autre propofition à vous faire qui n'eſt pas trop civile ; mais enfin, que voulez - vous, Madame, la philoſophie n'y regarde pas de ſi près, il faut bien lui paſſer quelque choſe, ſur-tout quand elle tend à l'utile ; il faudra donc me permettre ici, de paſſer ſur votre compte à l'article des *ſubſiſtances*, le foin, la paille & l'avoine que mangent vos chevaux ; quant aux Gens que vous nourriſſez, c'eſt un article qui ne ſouffre aucune difficulté.

Je crois maintenant que le mot *ſubſiſtances* eſt ſuffiſamment éclairci.

Nº. III.

Des matieres premieres en général.

Ce n'eſt pas le tout, Madame, que de manger & de boire, encore faut-il être vêtu, logé, meublé, porté, amuſé, &c.

Faites ſur votre ajuſtement, ſur votre

Hôtel, fur tous vos meubles, équipages
& bijoux, la même diftinction que nous
faifions tout-à-l'heure fur le pain mollet
& le chocolat de votre déjeuné, laiffons
à part la façon ; cette dentelle n'eft
qu'un écheveau de fil , ou quelques on+
ces de lin ; tout votre habit fe réduit à
quelques cocons de ver à foie, & à quelques portions de plantes ou minéraux
pour le teindre ; votre montre , vos
pendules, ne font qu'un peu d'or, de
cuivre, d'acier & de fable , & cette
belle tapifferie des Gobelins, n'eft tout
bonnement que la toifon volée à quelques pauvres brebis des champs.

Vous allez vous récrier fans doute,
que je vous fais une trifte anatomie des
chef-d'œuvres de l'art ; il le faut bien,
Madame. Au refte , nos diftinctions ne
gâtent rien , vos bijoux & vos parures
n'en font ni moins précieux, ni moins
agréables, pour être compofés de *matie+
tes premieres*, telles que la laine, la foie,

le chanvre, les bois, les métaux; *produites* totalement *brutes* par la nature, recueillies de fes mains & peu *façonnées* par les Cultivateurs ; mais afforties, polies, arrangées, mêlangées de toutes les manieres, par l'induftrie des Artifans & des Artiftes, pour en faires des *ouvrages* utiles ou agréables.

Je crois que deformais le mot de *matieres premieres* ne fera pas moins intelligible que celui de *fubfiftances*.

Nº. I V.

Des façons, ou de l'art & de l'induftrie.

Vous concevez dès-à-préfent, Madame, ce que fignifie la *façon*, & en quoi confifte *l'art de donner aux productions naturelles une forme utile ou agréable.*

A chaque jour, à chaque inftant de votre vie, vous faites ufage des productions de la terre, pour vous procurer une exiftence douce & commode ;

vous *jouiſſez* des bienfaits de la *nature*,
& des ouvrages de *l'art*.

Ces *jouiſſances* utiles & agréables ſont
plus ou moins abondantes, plus ou
moins variées, ſuivant le ſort des hommes, mais à chaque fois que vous en
profitez, vous pouvez diſtinguer comme nous venons de le faire, les *productions naturelles* en elles-mêmes, des aſſor-
timens, des mélanges, des façons &
décorations qu'elles ont reçues de *l'art*
ou de l'*induſtrie*.

Pour parler d'abord des objets les
plus ſimples de ceux qui ſont employés
en *ſubſiſtances*, vous ſentez, Madame,
en ouvrant un pâté chaud, qu'il ne faut
pas confondre le *Pâtiſſier*, avec le Laboureur, dont le bled produiſit la fari-
ne, avec la Fermiere qui vendit les pi-
geonneaux, avec celle qui fournit le
beurre, avec le Jardinier qui fit venir
les artichaux, & le Pêcheur qui prit les
écreviſſes; vous n'aurez pas plus de

peine à difcerner dans un de vos meubles les produ&ions naturelles & les façons, & par conféquent à diftinguer
dans votre efprit celui qui a recueilli les
matieres premieres des mains de la nature,
& celui qui les a façonnées, ou mifes dans
l'état où vous en faites ufage.

Ainfi, Madame, voici trois mots qui
ne vous feront pas étrangers, *produc-
teur, façonneur, confommateur.* Prenez
pour exemple votre Othomane : *producteurs*, ce font les gens qui font valoir
à la Campagne, qui ont *recueilli* le bois,
le crin, la foie, le fer, l'or, les ingré-
diens naturels qui fervent aux teintures :
voilà les matieres premieres de votre
Othomane : *façonneurs*, c'eft le Menui-
fier, le Sculpteur, le Doreur, le Fa-
briquant d'étoffes, & tous fes Ouvriers
fubalternes, le Tapiffier & tous les fiens.
Le *Confommateur*, c'eft vous, Madame,
ui ufez tout cela & qui en jouiffez.

N°. V.

Nº. V.

Des diverses especes de consommations.

En réfléchissant ainsi, vous devez sentir, Madame, une distinction naturelle entre les diverses manieres de consommer, dont l'une est relative aux *subsistances*, l'autre aux matieres *premieres*.

La consommation des *subsistances* est une *consommation totale & subite*, celle des *matieres premieres* employées par l'art est *lente & partielle* : on peut dire même tout simplement que les unes se *consomment* par la *jouissance*, & les autres *s'usent* seulement : c'est la maniere de parler la plus ordinaire, nous aurons besoin par la suite de cette distinction.

Les *édifices* publics ou privés, sont les ouvrages de l'art qui durent le plus ; les *meubles* solides viennent ensuite, sur-tout ceux qui fatiguent peu, puis les *instruments* & *vêtements*, qui ne sont

M

ufés qu'au bout d'un tems plus ou moins long.

Au contraire les alimens, les liqueurs boiſſons, les médicamens, les bois à bruler, les parfums & autres ſemblables ſe *conſomment* ſur le champ & s'anéan-tiſſent en entier par la jouiſſance.

N°. V I.

Du trafic & des Trafiquants.

Les *productions naturelles* qui ſe conſomment en *ſubſiſtances*, ou qui *s'uſent* en *ouvrages façonnés*, ont ſouvent beſoin d'être voiturées ou négociées depuis le lieu de la premiere récolte & de la fa-brique, juſqu'aux *Conſommateurs*; c'eſt-à-dire juſqu'à ceux qui les achettent pour s'en nourrir, s'en vêtir, s'en meu-bler ou s'en amuſer.

Vous voyez, Madame, dans un ſim-ple déjeuné, réunies ſous vos yeux & ſous vos mains les productions de tous les climats & des deux hémiſpheres. La

Chine a vu former ces taffes & ce pla-
teau ; ce café naquit en Arabie , le fucre
dont vous l'affaifonnez fut cultivé en
Amérique par de malheureux Afri-
quains; le métal de votre cafetiere vient
du Potofe ; ce lin apporté de Riga , fut
façonnée par l'induftrie hollandoife , &
nos campagnes ne vous ont fourni que
le pain & la crême.

C'eft l'art du *négoce* ou du trafic , qui
raffemble ainfi toutes les *productions na-*
turelles , plus ou moins *façonnées*. Le
Trafiquant les achette pour les revendre ; c'eft un *miniftere* utile. Les fervices
agréables qu'il nous rend , méritent un
honnête *falaire*. C'eft un objet dont il
faudra nous occuper.

Contentons-nous , quant à préfent ,
de remarquer une feconde efpece d'hommes agiffants , qui ne s'occupe point directement de la récolte future , qui ne
penfe point aux *travaux* productifs , qui
ne fait à fes *frais* ni les réparations fon-

M ij

cieres, ni les *avances primitives*, ni les
dépenses *annuelles*.

De même que les Ouvriers *façonneurs* s'occupent des *productions naturelles*, après la récolte, pour les diviser,
les polir, les tailler, les réunir, les af-
sortir; de même, les Trafiquants s'occupent après la naissance, & souvent
après le *façonnement* de ces mêmes productions, à les *acheter* de la main de
ceux qui les ont fait naître ou de ceux
qui les ont fabriquées, pour les *revendre*
à ceux qui les doivent *user* ou *consommer*,
afin de mériter d'eux un juste *salaire*.

N°. VII.

Des Artistes & des Gens à talents.

Il est encore, Madame, dans les Etats
qu'on appelle *policés*, & sur-tout dans
les grandes Villes, une espece d'hommes
qui ne s'occupe ni à *faire naître* les *productions naturelles*, ni à les *façonner*, ni
à les *trafiquer*. Ils ne servent ni à vos

aliments, ni à vos meubles, ni à vos
parures. Ils ont, Madame, pour la plu-
part, une fonction bien plus importan-
tes dans l'opinion des riches, celle de
vous *amufer*.

Ici, Madame, doivent fe ranger dans
votre efprit tous les Arts agréables; la
Poéfie, la Mufique, la Peinture, la
Sculpture, & tous ceux qui marchent
à leur fuite.

La Médecine, la Jurifprudence con-
tentieufe, la Littérature & les Sciences
mêmes, peuvent en quelque forte trouver ici leur place; il faut néceffairement
y ranger tous ceux qui profitent & qui
vivent des travaux de leur efprit.

Ce n'eft pas que *l'inftruction*, la véritable, l'utile *inftruction*, n'ait dans la
Société civile un rang plus diftingué,
comme nous l'expliquerons, Madame,
quand nous parlerons de *l'autorité*; mais
il ne s'agit ici que de *confommation*, ou
de jouiffances, & des moyens de fe les
procurer.

N.º VIII.

*Ces trois especes réunies forment
la classe stérile.*

Il a fallu, Madame, réunir sous un
seul mot, & caractériser par une seule
idée naturelle, tous les hommes qui n'ont
point une influence directe, sur la *production*, qui ne préparent pas les *récoltes*
par eux-mêmes, qui ne font à leurs
frais & *dépens* ni les *avances foncieres*,
ni les *avances primitives*, de l'exploitation, ni les *avances annuelles* de la culture.

Nous avions nommé les Cultivateurs
classe productive, parcequ'ils *operent* la
production comme *causes*, par leurs *dépenses*, parcequ'ils la préparent *directement* & *immédiatement*.

La classe *propriétaire* n'avoit pas besoin d'un autre nom; parceque sa *propriété* indique les *avances foncieres*, &

tout ce qui prépare *la culture*, dont l'effet eſt la *production*.

Juſqu'à préſent, Madame, notre échelle étoit ſimple & naturelle. La *claſſe propriétaire* fait & entretient à ſes frais les *avances foncieres*, qui rendent la terre propre à être cultivée ; ce ſont les premiers apprêts, les préliminaires les plus éloignés, d'où s'enſuivra *la production*, mais ſeulement d'une maniere médiate, par le moyen de la *culture* ou de *l'exploitation*.

La *claſſe productive* fait & entretient à ſes frais les *avances primitives* & les *avances* annuelles de la culture, d'où réſulte immédiatement la récolte des productions naturelles.

La troiſieme claſſe, qui n'eſt pas *productive*, & qu'on a nommée par cette raiſon claſſe *ſtérile*, façonne ou trafique les *productions naturelles*, ou même ne fait que les *uſer* & *conſommer*. Cette claſſe renferme tous les Ouvriers ou Fa

briquants, tous les Marchands détail-
leurs, ou en gros, les Artistes ou les
gens à talents, de quelque espece qu'ils
puissent être ; en un mot, tout ce qui ne
fait pas, à ses propres *frais*, les dépenses
productives, *foncieres*, *primitives* ou *an-*
nuelles.

N°. IX.

Objections contre le mot de classe stérile.

Croirez-vous, Madame, que cette
division si simple de la Société en trois
classes principales, relativement à la
production & aux *récoltes*, a souffert de
très grandes difficultés ; le mot *stérile*
a révolté l'amour propre, on a imagi-
né qu'il signifioit classe *nuisible*, classe
inutile à la *Société.*

Certainement, vous êtes trop raison-
nable pour croire ni l'un ni l'autre. C'est
un service très agréable que vous rend
chaque jour la personne qui vous frise,
c'est un *art* très *utile* que celui du Bou-
langer

langer & du Cuiſinier ; vous ſavez de même apprécier *l'induſtrie* de ceux qui fabriquent des étoffes pour vos meubles & vêtements.

Mais auſſi vous ſavez, Madame, que *produire* & *façonner*, ſont deux opérations toutes différentes, quoique très utiles & très agréables l'une & l'autre, & prenant pour bouſſoles, 1°. le moment de la récolte ; 2°. les avances qui la préparent ; 3°. les façons qui la ſuivent, vous ne pourrez jamais vous abuſer, ſur les caracteres diſtinctifs de la claſſe *productive*, & de la claſſe *ſtérile*.

Il y a cependant une ſeconde difficulté, plus ſubtile, mais qui n'eſt pas plus difficile à éclaircir quand on a bien ſaiſi le principe : la voici.

Parmi les Ouvriers qui façonnent les matieres premieres, il y en a beaucoup qui travaillent pour les Cultivateurs eux-mêmes, non-ſeulement pour les vêtir, les meubler, les loger ; mais encore

N

pour leur fournir même les inſtruments propres à leur *culture.*

La *fabrication* de ces *inſtruments* eſt une des conditions préliminaires des *ré-coltes ;* c'eſt une des cauſes prépara-toires de la *production.* Peut-on l'appeller un travail *ſtérile ?* Peut-on ranger celui qui s'en occupe, au rang des ſimples Ouvriers de la claſſe *ſtérile ?* Telle eſt, Madame, la queſtion dans toute ſa force.

Avouez franchement que la ſolution vous embarraſſe un peu. Mais pour la trouver, prenez d'abord un objet ſen-ſible ; par exemple, le Charron qui fait une charrue de labourage : puis, exa-minez qui eſt-ce qui fait la *dépenſe* de la charrue pour l'*uſer* à la terre ? Cer-tainement c'eſt votre *Fermier.* C'eſt donc ſa dépenſe, à lui, qui eſt *productive,* non celle du Charron ; car votre Fermier lui *rembourſe* tout ce que lui a coûté la *matiere premiere,* & lui paye en outre la *façon.*

C'eſt la *dépenſe* qui caractériſe la claſſe *propriétaire* & la claſſe *productive* ; ils retranchent de leurs *jouiſſances* poſſibles pour le moment, & ils en ſacrifient les objets à la terre pour la rendre fertile, pour aider, provoquer, perfectionner ſa fécondité. Par exemple, vous *payez* des Ouvriers pour étendre votre jardin potager, vous dépenſez une ſomme pour rendre le nouveau ſol que vous y ajoutez propre aux légumes ; voilà une *dépenſe* productive, qui ſe fait à vos *frais*.

L'*Ouvrier* même le plus néceſſaire aux réparations *foncieres*, aux *avances de premier établiſſement*, & aux *avances annuelles* de l'exploitation, fait tout le contraire. C'eſt aux *frais* du *Cultivateur* & du Propriétaire qu'il travaille ; il ne ſe retranche pas la moindre jouiſſance actuelle pour la terre & ſa production future : bien loin de là, il ſe fait payer ſa façon, & acquiert par-là des *jouiſſances* qu'il n'auroit pas eues.

Diſtinction trop frappante, & qu'il eſt impoſſible de conteſter.

La *récolte* 1767 étant faite, les *Cultivateurs* & les *Propriétaires* pourroient employer pour leur bien-être ou leur plaiſir particulier, à *volonté*, toutes les productions, s'il n'y avoit pas de dépenſes *productives* à faire en 1768, pour la récolte de 1769, & ſuivantes. C'eſt en vue de ces *productions*, & pour les opérer, qu'ils ſont *obligés* de prélever, avant tout, de quoi entretenir les avances. Ils ſont donc dans l'impoſſibilité de jouir de la récolte de 1767, comme ils en *jouiroient*, ſi l'année 1768 devoit être la derniere du monde.

Au contraire, les *Ouvriers* qui s'occupent à fabriquer les inſtruments néceſſaires aux *avances* mêmes, jouiſſent d'autant, parcequ'ils ſe font *payer* par les Cultivateurs & les Propriétaires la matiere & la façon.

L'objet de la dépenſe eſt donc dif-

férent entre les deux claffes Propriétaire & Cultivatrice d'une part, & la
claffe ftérile de l'autre ; auffi la maniere
d'être payé eft fort différente.

Le *Propriétaire* & le Cultivateur font
payés *immédiatement* par les bienfaits de
la nature, par la fécondité de la terre,
par la portion que furajoute la récolte
au-delà des femences. La claffe *ftérile*
toute entiere, même quant à la portion
d'Ouvriers qui travaillent aux inftrumens aratoires, en eft payée *médiatement,*
c'eft-à-dire par le Cultivateur ou Propriétaire. C'eft *avec* lui qu'elle compte, c'eft
fur lui qu'elle *profite;* non avec la nature
& fur la fertilité de la terre.

Ainfi, Madame, le Charron & le
Maréchal mêmes, qui font une charrue
de labour font de la claffe *ftérile.* 1°. Parcequ'ils operent avec du bois & du fer
pour faire une charrue ; or, ils n'ont
jamais *travaillé* ni ne travailleront pour
produire ce *bois & ce fer;* ils les façonnent,

I

mais ne les ont point recueillis *immédia-*
tement des mains de la nature. 2°. Parcequ'ils ne font point la charrue pour
l'ufer à leurs propres *frais* & *dépens* à
une terre labourable ; mais au contraire
pour la *vendre*, avec profit, à un Fermier qui *l'ufera* lui, quand elle fera
fienne, parcequ'il l'aura payée. 3°. Enfin, parceque ce n'est pas de la terre
elle-même, immédiatement, que ce
Charron & ce Maréchal reçoivent le
paiement de la charrue ; mais médiatement par le Laboureur qui en fait l'*avance*
pour un *travail futur*, & qui la paye par
provifion, aux dépens d'une récolte
antérieure, à laquelle cette charrue
n'avoit pas fervi.

Si les Fabriquateurs des inftruments
de *labour* & de toute autre *culture*, font
eux-mêmes de la claffe *ftérile*, par ces
trois raifons que je crois évidentes ;
concluez, Madame, combien à plus
forte raifon appartiennent à cette claffe

tous ceux dont les travaux n'aboutiffent qu'à préparer les productions de l'année précédente , pour les faire *confommer* agréablement cette année-ci, fans fervir directement ni indirectement à la *production future.*

Tels font tous ceux qui fabriquent les maifons , les étoffes, les meubles , les voitures , les bijoux ; tous ceux qui voiturent , trafiquent, achetent & revendent ; enfin, tous ceux qui vivent de leur talent.

Refte encore cependant une derniere objection , dont vous allez fentir l'importance. Tous ces hommes·là , nous dit - on , font pourtant les *caufes occafionnelles* de la production ; car , ni le Propriétaire , ni le Cultivateur, ne feroient les *dépenfes productives* , s'il n'y avoit rien à gagner pour eux à ces avances ; s'il n'en réfultoit aucune utilité , aucun plaifir , aucune *jouiffance* : or , il n'y en auroit certainement aucun ,

fans les Ouvriers, les Marchands, les
Gens à talents : à quoi ferviroit aux Propriétaires des terres & aux Cultivateurs
de faire venir beaucoup de bled, de
vin, de lin, de laine, de foie, d'or,
d'argent, de bétail, de poiffon, d'hui-
le, &c. s'il n'y avoit pas des Ouvriers
qui façonnent, des Marchands qui trafiquent, des Gens à talents qui s'amufent.
C'eft le *defir* de jouir des *façons*, du *trafic* ou des *amufements*, qui *excite* aux *dépenfes productives* ; donc l'induftrie eft
productive, & même plus productive
que les dépenfes *foncieres* & la *culture* ;
donc la claffe prétendue *ftérile* eft tout
le contraire.

Que répondriez-vous, Madame, à
cette terrible objection, fi fouvent ré-
pétée avec tant de confiance ? J'imagine
d'abord qu'avec le fens droit que Dieu
vous a donné, vous feriez tentée de ne
rien répondre, & que vous diriez, eh
bien ! nous voilà d'accord : quand même

le

le *defir* dont vous parlez, & qui n'eft
qu'un *motif excitant*, felon vous·même,
pourroit être regardé comme une *caufe*
occafionnelle de la *production*, au moins
ce feroit la caufe la plus éloignée de la
récolte actuelle. Certainement en parlant
de cette *récolte actuelle*, & en rétrogradant vers les *caufes*, par une marche
naturelle, nous trouvons pour premiere
caufe, la plus prochaine, la plus directe, la plus immédiate, *les avances an-*
nuelles. Si je demande, à toute perfonne
raifonnable, qui eft-ce qui a *produit* les
épics dans ce champ ? Elle me répondra:
c'eft la femence & le labour ; car, pour
recueillir des moiffons, il faut fumer,
labourer & femer.

J'infifte & je demande : mais pour labourer & femer que faut-il ? La réponfe
eft auffi fimple : des chevaux, des charrues, des femences. Voilà donc le bon
fens qui vous mene aux *avances primi-*
tives.

O

Mais eft-ce tout ? non. Ne faut-il pas
que le champ foit propre à la culture ?
oui. Ne faut-il pas dequoi loger les chevaux, le Laboureur, la charrue & les
fruits ? oui. Et voilà les avances *foncieres.*

Vous voyez, Madame, que nous
venons d'expliquer *comment* & *par quels
moyens* s'opere la production. Il eft vrai
qu'on peut nous faire une autre queftion : *pourquoi* & *en vue* de quel avan-
tage penfez-vous à opérer la *production ?*
Mais, Madame, le *pourquoi* n'eft pas le
comment, & ce font deux chofes très
différentes dans tout le refte de la vie ;
par quel motif voudroit - on les faire
confondre dans l'économique politique,
fous ce beau prétexte de *caufe occafionnelle ?*

Si vous faifiez à votre Tapiffier la
queftion très fenfée, comment fait - on
un lit ? dequoi eft - il compofé ? quels
font les Ouvriers dont on a befoin pour

le préparer & le dreffer ? Trouveriez-
vous fa réponfe jufte, s'il vous difoit :
Madame, comme ainfi foit que le fom-
meil & l'envie de dormir à fon aife font
la caufe occafionnelle & le motif excitant pour faire un lit, il nous faut mettre dans le premier rang tous les fommeils futurs de ceux qui repoferont dans
le lit fur lequel vous m'interrogez. Voilà
les premieres *caufes productives*, auffi
néceffaires que l'étoffe & la façon du
lit ; parceque *fans* les fommeils & le *befoin* qu'on en aura, qui que ce foit ne
penferoit à faire un lit.

Cette comparaifon nous conduit à
une petite explication, qui vous paroî-
tra très plaifante aujourd'hui, Madame,
& qui cependant a été néceffaire pour
empêcher force honnêtes Citoyens
pleins d'efprit, de déraifonner, d'après
certains Maîtres qui fe croyoient fort
habiles, & qui n'ont pas voulu s'en dé-
dire.

Nᵒ. X.

Question singuliere : si le besoin ou le desir
de jouir sont jamais les vraies causes de
la production ?

Voici, Madame, la maniere dont
quelques Docteurs prétendus en écono-
mie politique, avoient échafaudé leur
syftême, fur le fondement des *besoins*
& des *desirs*.

» L'homme, difoient-ils, ne *penseroit*
» jamais à tirer du fein de la terre la
» plus grande quantité poffible de *pro-*
» *ductions naturelles*, s'il n'étoit excité
» par le *besoin* ou le *desir* de *jouir*,
» qui le déterminent aux travaux *pro-*
» *ductifs* ; mais ce *besoin* & ce *desir*,
» n'exifteroient pas eux - mêmes dans
» le cœur de l'homme, fi l'*induftrie* ne
» les avoit fait naître, en montrant
» *l'objet* de *jouiffance*. On ne fe fait
» point de *besoin*, on n'a nul *desir* d'une
» *jouiffance* dont *l'objet* eft inconnu ; or,

» c'eſt *l'induſtrie* qui fait connoître *l'ob-*
» *jet* de jouiſſance, qui le fait *exiſter.*
» C'eſt donc elle qui donne naiſſance
» au *beſoin* & au *deſir* ; c'eſt donc elle
» qui *produit* la *culture ; elle-même.* C'eſt
» elle par conſéquent qui doit tenir le
» premier rang parmi les cauſes *pro-*
» *ductives* ».

Examinez un peu, je vous prie, Madame, cette généalogie ; vous ſentirez
une réclamation intérieure de la raiſon,
qui vous avertira de vous en défier. Voulez-vous que nous l'éclairciſſions davantage ? Rien n'eſt plus ſimple.

Demandez d'abord comment & avec
quoi le premier *induſtrieux* donne *l'être*
à un nouvel *objet* de *jouiſſance ?* Vous
verrez qu'il lui faut, outre l'eſprit in-
ventif, des *matieres premieres* pour les
façonner d'une maniere nouvelle, &
des *ſubſiſtances* pour *vivre* pendant qu'il
invente, exécute & perfectionne ſon
nouvel ouvrage. Nous voilà donc reve-

nus à la *production* de ces matieres & fub-fiftances, comme premiere condition indifpenfable, & comme premiere *caufe occafionnelle.*

C'eft une très belle & très utile *invention*, que celle du premier qui s'imagina de faire de la *toile* ; mais *pour* qu'il conçut lui-même cette idée, pour qu'il pût l'exécuter, il falloit que la terre eût produit, non-feulement *fon chanvre*, mais encore fa *fubfiftance* & celle de tous les *Ouvriers* qu'il *employa* ; il falloit que fon *travail* & celui de fes *Coopérateurs* ne fût point abfolument *néceffaire* à la *fubfiftance* de l'année fuivante, autrement il auroit *affamé* quelqu'un l'année d'après, & fa *toile* n'auroit pas rempli le vuide caufé dans les fubfiftances.

C'eft donc la production précédente d'une *matiere premiere* & d'une certaine portion de *fubfiftances*, qui donne le loifir d'imaginer & d'exécuter les *ouvrages de l'art.* Voilà un premier principe à fuppléer à toute théorie des *besoins* & des *desirs*.

Il est vrai qu'une seule piéce de toile peut exciter dans dix mille hommes la passion la plus vive pour une jouissance si commode & si agréable, oui Madame; mais de tous ces desirs, quelque vivacité que vous leur supposiez, il ne résultera pas même un seul écheveau de fil, à moins que vous ne supposiez deux choses indispensables : la premiere, qu'il y aura du chanvre & du lin : la seconde, qu'il y aura de quoi *faire vivre* tous les Ouvriers qui vont en *fabriquer* de la toile.

Supposons qu'une révolution pareille commence à s'opérer en la présente année 1768 : voici quelques hommes industrieux qui ont trouvé du chanvre *produit* par la nature, ils avoient des *subsistances* à leur disposition, ils ont *fait vivre* des Ouvriers qui ont *façonné* de la toile ; tout le monde trouve l'invention admirable. Qu'en va - t - il réfulter ?

Si vous me le demandez, Madame, voici ma réponfe : *c'eft felon.*

Premierement, fi vous ne changez rien aux *avances productives* ; s'il n'y a pas plus de champs préparés, par les Propriétaires, pour être des terres à lin ou à chanvre ; s'il n'y a pas plus de *travaux* & de *dépenfes* primitives ou annuelles faites pour produire la matiere des toiles en plus grande abondance ; il n'y aura pas moyen de faire plus de toiles en 1769, je vous en avertis.

Secondement, fi en augmentant les *avances productives* & en *multipliant* la matiere premiere de la *toile* , vous n'augmentez pas les autres *avances productives*, pour *multiplier* les autres productions , & notamment les *fubfiftances,* vous pourrez bien avoir *plus* de *jouiffances* en toile ; mais vous en aurez *moins* en autres chofes : c'eft encore un fecond avertiffement avertiſſement que je vous donne. Car enfin, vous *ferez vivre* les *Ouvriers* en *façonnant* le chanvre & le *lin*; mais vous n'aurez pas plus de *ſubſiſtances* que ci-devant, par conſéquent pas plus *d'hommes* à *faire vivre*. Il faudra donc *occuper* à la *toile* ceux qui travailloient autre choſe; il faudra donc *perdre* les jouiſ-ſances qu'ils vous procuroient, pour jouir de la *toile* à leur place.

Le vrai moyen de vous procurer dans quelque temps force *toile*, ſans préju-dice des autres *jouiſſances*, conſiſte donc à augmenter ſucceſſivement les *avances productives*, de maniere qu'il en réſulte aux *récoltes futures*, en *excédent* ſur les *récoltes actuelles*, 1°. la matiere premiere des toiles; 2°. les ſubſiſtances de tous les Ouvriers qui les façonnent.

Cette explication ſuffit pour vous faire ſentir lequel des deux eſt *vraiment*, *efficacement*, directement & immédiate-ment *productif*; ou du *beſoin* & du *deſir*,

P.

même de *l'industrie* qui les excite l'un &
l'autre ; ou des *dépenses foncieres*, des
avances primitives & *annuelles*, qui font
naître les *matieres premieres* & les *subsis-*
tances.

Nº. XI.

Récapitulation des trois classes de la Société.

Reprenons donc le simple & le vrai.
Toute la Société se divise en trois classes,
qui sont caractérisées par le *rapport* plus
ou moins immédiat qu'elles ont avec la
récolte des *productions naturelles*, soit *sub-*
sistances, soit *matieres premieres*.

La premiere classe qui a un rapport
antérieur le plus direct, le plus *immédiat*
avec la récolte, c'est la classe cultivatrice ou *productive*, qui fait & entretient
à ses *frais* les dépenses *annuelles*, &
même les avances *primitives* de la *culture*
ou de l'exploitation rurale ; c'est la *na-*
ture qui la *paye* de ces *frais*.

La feconde claffe, qui a de même un rapport antérieur, mais *médiat*, eft la *claffe propriétaire*, qui fait & entretient à fes *frais* les *avances foncieres*, & pré-pare ainfi efficacement le fol à recevoir la *culture*, laquelle *opere* la production. C'eft auffi la nature qui la paye par le moyen du Cultivateur ; car, vous avez vu, Madame, que la *production* (comme effet, tant des avances foncieres, que des avances primitives & annuelles) fe partage de *droit naturel* entre le *Cultiva-teur* & le *Propriétaire* ; que la part de l'un s'appelle *reprifes*, la part de l'autre *produit net*.

Enfin, la troifieme eft la *claffe ftérile*, qui n'a aucun rapport direct, réel & phyfique *antérieur* à la production, mais feulement *poftérieur* ; qui ne s'exerce qu'à *gagner* de quoi vivre, c'eft-à-dire à fe procurer une portion des fubfiftan-ces ou de matieres premieres, ou même des ouvrages façonnés ; & qui pour les

gagner ou les obtenir, de la part des Propriétaires ou des Cultivateurs, (auxquels
toutes les productions naturelles appartiennent dans le moment de la récolte)
s'occupe à fabriquer, négocier ou faire
usage de ses talents quelconques ; mais
qui ne peut, premierement, jamais façonner que des matieres premieres déja
produites, ni consommer ou faire consommer au-delà de la *récolte passée*. Secondement, qui ne peut jamais, par son
industrie, ajouter un seul épic de bled,
ni une seule tige de chanvre à la *récolte
future*, (si ce n'est par le moyen des *Propriétaires* & des *Cultivateurs*, qui augmen-
tent leurs *avances* productives) ensorte
qu'elle ne peut influer qu'en *idée* sur la
production.

Nº. XII.

*Distribution des subsistances & des matieres
premieres entre ces trois classes.*

Quand vous vous serez accoutumée,

Madame, à vous repréſenter ainſi la Société civile diviſée en trois claſſes, 1º. *productive*; 2º. *propriétaire*; 3º. *ſtéri-le*, vous concevrez aiſément de qu'elle maniere ſe *diſtribuent* entr'elles les *pro-ductions naturelles* annuellement récol-tées.

Sans oublier jamais la diſtinction fon-damentale des *repriſes* du *Cultivateur* & du *produit net* appartenant au *Proprié-taire*, vous vous direz à vous même : » le *total* de ces *productions* ſe diviſe » encore ſous un autre aſpect, en *ſub-* » *ſiſtances* & en *matieres premieres*; c'eſt » ce qu'il faut bien concevoir ».

Il faut donc voir la marche très ſimple de leur diſtribution, & la Loi phyſi-que, en vertu de laquelle il réſulte de cette diſtribution, ou l'accroiſſement de la culture ou ſon dépériſſement; c'eſt-à-dire ou la ruine, ou la proſpérité de tous les Ordres de l'Etat.

Suppoſons, Madame, que dans un

Royaume, la maſſe des *productions na-turelles*, ſoit *ſubſiſtances*, ſoit *matieres premieres*, ait été partagée en cinq por-tions, égales entr'elles pour l'aſſorti-ment & la valeur des productions.

Suppoſons encore que trois de ces portions *reſtent* aux *Cultivateurs*, pour leurs *repriſes*. Vous concevez, Madame, par le réſultat du Chapitre premier, que de ces trois portions, les deux pre-mieres ſont la valeur des *avances an-nuelles*; la troiſieme, la valeur de *l'in-térêt* à *dix* pour cent, attribué pour *l'en-tretien* des avances primitives.

Ces trois portions ainſi prélevées, il nous en reſte deux, qui forment le *produit net*; & par conſéquent la *cul-ture* de cet Empire *rend* en *produit net* cent pour cent des *avances annuelles*, car les *avances annuelles* ſont *deux*, & le *produit net* auſſi *deux*, ſuivant notre ſuppoſition. Ceci s'entend au moyen du Chapitre ſecond.

Suppofons encore, 1°. que la *claffe pro-ductive* ou les *Cultivateurs*, qui ont gardé trois portions pour leurs *reprifes*, en dépenfent *deux* en *fubfiftances*, pour eux, pour leurs Ouvriers & animaux domeftiques.

Vous voyez, Madame, qu'il leur refte une troifieme portion ou précifément le *tiers* de leurs reprifes, qu'ils peuvent employer en *matieres premieres* plus ou moins *façonnées* par *l'art*, ou *voiturées*, ou négociées.

2°. La *claffe propriétaire* a reçu, fuivant notre fuppofition, *deux portions* pour le *produit net* qui lui appartient. Suppofons qu'elle en garde une pour fes *fubfiftances* à elle & à tous fes domeftiques, commenfaux & gagiftes immédiats; il lui en refte encore une portion qu'elle peut employer en *matieres premieres*, plus ou moins *façonnées*, *voiturées ou négociées.*

3°. Vous allez conclure, Madame;

que des *cinq portions* qui forment notre *récolte*, il en va tomber *deux* entre les mains de la claffe *ftérile*. La premiere fera tirée du lot des *reprifes*, & lui fera donnée par la *claffe productive*. La feconde fera tirée du lot du *produit net*, & lui fera donnée par les Propriétaires.

Que fait la claffe *ftérile* de ces *deux* portions ? Vous devez le favoir, Madame, elle en *confomme* une partie en *fubfiftances* ; elle *emploie* l'autre comme *matieres premieres*, en ouvrages de *l'art*; elle les *fabrique*, *voiture* & *négocie*.

Il y a donc, felon notre fuppofition, *une feule* des *cinq* portions employée en *matieres premieres* : des quatre autres, *deux* font confommées en *fubfiftances* par la *claffe productive*; la *troifieme* l'eft auffi en *fubfiftances* par la *claffe propriétaire*; la *quatrieme* l'eft *de même*, par la *claffe ftérile*.

Mais, Madame, quand cette cinquieme portion a été façonnée, voiturée,

tée, trafiquée par les agents de la claſſe
ſtérile, comment croyez-vous qu'elle
ſe diſtribue ?

Premierement, les agents de la claſſe
ſtérile en retiennent *pour eux-mêmes* le
plus qu'ils peuvent ; ils ont raiſon, c'eſt
leur intérêt & leur *droit* : premiere portion, qu'il font très bien de rendre la meil-
leure poſſible pour eux. La ſeconde, ils la
vendent à la *claſſe propriétaire*, en échange de la *moitié* de ſon *produit net* ; & la
troiſieme, ils la vendent à la *claſſe productive*, en échange du *tiers* de ſes repriſes.

Voilà donc, Madame, les matieres
premieres, après la façon, le voiturage
& le négoce, diſtribuées aux Conſommateurs, pour qu'on les *uſe*, & diſtribuées en trois lots. Le premier, à la
claſſe *ſtérile* elle-même ; le ſecond, aux
Propriétaires ; & le troiſieme, à la claſſe
productive. Ces trois portions enſemble
ne valent *intrinſéquement* & originaire-

Q

ment que la cinquieme partie de la *récolte*, & après les façons, la claffe *ftérile* en rend deux portions feulement,
pour *l'échange* defquelles néanmoins,
elle reçoit *deux cinquiemes* de la *production totale*.

Suppofons par exemple, Madame,
que ces *ouvrages de l'art*, dont toutes
les *matieres premieres* réunies ne valent
qu'un cinquieme de la *récolte* totale, font
elles-mêmes divifées en *trois* autres parties égales; que la claffe ftérile n'en retient qu'une pour elle-même; qu'elle
vend une des deux autres à la claffe propriétaire, & la troifieme, auffi à la claffe
ftérile. Si vous examinez bien la *dépenfe*
journalière des diverfes claffes, vous
trouverez que toutes ces fuppofitions fe
réaliferoient dans l'état de profpérité.

Quel feroit donc, dans l'état dont
nous parlons, le prix des façons, voitures ou négoces?

La claffe propriétaire donne à la clafse stérile la *cinquieme* partie de la récolte totale *brute*, ou non façonnée ; elle en reçoit une *quinzieme* partie de cette même récolte façonnée & trafiquée.

La classe stérile donne de même un cinquieme des *productions naturelles* ; mais encore brutes, pour en recevoir un *quinzieme façonné*.

D'où il résulte que les *façons*, ou les *services* quelconques de la classe *stérile*, coutent aux deux autres classes *trois cent pour cent*.

Nº. X I I I.

Avances de la classe stérile.

Vous concevez, Madame, que dans *l'échange* continuel qui se fait entre la classe *stérile* & les deux autres, si cette premiere donne à la classe *propriétaire* un *quinzieme* de *récolte* façonné, en é= change d'un *cinquieme brut*, il faut qu'elle ait par *avance* & en réserve de l'année derniere, ce *quinzieme* prêt à *user*.

Q ij

Il faut de même, qu'elle ait tout prêt le *quinzieme* qu'elle doit *vendre* à la classe *productive*, & encore le *quinzieme* qui lui reste façonné à elle-même, & que ses agents *usent* en *frabriquant*, *voiturant & négociant*.

Rien de plus naturel, ni de plus aisé à observer dans le *fait* que cette *avance*. Tout Artiste, tout *Manufacturier*, tout Marchand, est obligé de faire un magasin qui précede son *débit*.

Chaque vente fait un *vuide* dans ce magasin; mais aussi chaque *achat* & chaque *fabrication* le remplit. Ceci est une idée qui ne doit pas trouver beaucoup de peine à se placer dans votre esprit.

Nᵒ. XIV.

Premier Tableau de la supposition, prise pour exemple.

Avances annuelles *deux.*

Réproduction totale *cinq.*

A partager ainsi :

Reprises.	1°. Avances annuelles, *deux.*
	2°. Intérêt des avances primitives, *un.*
	Total des reprises, trois.
Produit net.	Qui de cinq, *produit total,* ôte trois, *reprises,* Reste, *produit net* deux.

Reprises, trois.

Produit net, deux.	Valent cinq, *réproduction totale.*

Distriftribution des *cinq,* que vaut la production totale.

Les *subsistances* valent *quatre.*

Savoir :	1°. *Deux* pour *subsistances* de la classe *productive.*
	2°. *Un* pour *subsistances* de la classe *propriétaire.*

3°. *Un* pour *subsistances* de la classe *stérile.*

Les matieres premieres *façonnées*, valent *un*, ou le cinquieme de la production totale.

Divisé en trois portions, savoir :

1°. Un *tiers* de ces *matieres premieres* que retient la classe *stérile*, pour *user* elle-même.

2°. Un autre *tiers*, qui est acheté par la classe *propriétaire.*

3°. Un autre *tiers*, par la classe *productive.*

Chacune de ces trois portions étant le *tiers* d'un *cinquieme*, est la *quinzieme* partie de la *production totale.*

N°. X V.

*Premiere ligne du fameux Tableau écono-
mique, formée d'après cette suppofition.*

1°.	2°.	3°.
Claſſe produc- tive.	Claſſe proprié- taire.	Claſſe ſtérile.
Avances annuel- les de la cul- ture;	Produit net de la culture,	Avances ſtériles ou magaſin de marchandiſes façonnées,
Deux.	Deux.	Une.

Voilà, Madame, la premiere ligne
du fameux Tableau économique ; vous
fentez combien elle fuppoſe de principes, & d'obſervations très importan-
tes.

Si vous voulez, dans le commence-
ment, vous familiariſer davantage avec
cette image, fuppléez, pour vous aider,
au-deſſus, dans votre eſprit : « avances
» primitives cinq fois deux, ou *dix*,
» portant *un* d'intérêt ; par conſéquent,

» reprifes valant *trois*, lefquelles ôtées
» d'une *production totale* valant *cinq*,
» ont laiffé deux de *produit net* ».

Réproduction totale.	Reprifes.	Produit net.
Cinq.	Deux, plus un, ou trois.	Deux.

C'eft cette premiere ligne, fous entendue, qui produit celle du fameux
Tableau.

Nous expliquerons dans le Chapitre
fuivant les autres lignes de ce Tableau, & par elles, tout *l'effet* de la
diftribution bien ou mal faite *fur* la profpérité ou la ruine de l'Etat.

CHAPITRE

CHAPITRE IV.

DE la circulation de l'argent entre les trois classes de la Société.

Nᵒ. PREMIER.

Considérations préliminaires.

ATTACHONS NOUS d'abord , Madame , à bien saisir deux objets correspondants & relatifs l'un à l'autre , que je vais tâcher de vous montrer , sous la forme la plus simple & la plus intelligible , qu'il me sera possible.

Ces deux objets sont , premierement, la distribution & la consommation journalieres des productions naturelles , annuellement renaissantes dans l'Etat , dont je vous ai déja fait le tableau. Secondement , la circulation de l'argent monnoyé entre les trois classes de la Société , par le moyen de laquelle s'opperent à présent la majeure partie de

R

cette diftribution & de cette confommation dans les Etats policés.

Ainfi, Madame, nous allons confidérer, premierement, toutes les produ-
ductions naturelles, annuellement recueillies des mains de la nature, ou la
totalité des *fubfiftances* & des *matieres*
premieres, comme formant la maffe des
confommations nationales; maffe qui fe
diminue à chaque inftant & dans chaque lieu, à mefure que quelque production naturelle, plus ou moins façonnée,
eft bue, mangée, brûlée, abîmée,
ufée ou confommée de quelque maniere que ce puiffe être.

Remarquons auffi, Madame, en
paffant, pour éviter toute confufion,
que le commerce, qu'on appelle extérieur, de la Nation avec les Etrangers,
ne dérange rien du tout à notre objet
actuel.

Par ce commerce, la Nation échange feulement des denrées ou marchan-

difes de fon territoire, pour d'autres denrées ou marchandifes d'un autre territoire ; c'eft-à-dire, que les productions nationales fortent de la maffe générale des confommations que nous devons faire, & que les productions étrangeres y entrent à leur place.

Pour éclaircir cet effet, par une comparaifon, c'eft, Madame, précifément comme fi vous changiez dans le courant de votre dépenfe de la petite monnoie contre de groffes piéces, ou de groffes piéces contre de la petite monnoie.

Tout de même, une partie du vin & du bled qui fe recueillent en France, fort de la maffe générale des confommations à faire en France par les François, & à fa place, le commerce extérieur nous en donne la monnoie en fucre, en caffé, en épiceries.

Tout de même auffi, nos toiles, nos draperies, nos foyeries, ou les autres

marchandifes manufacturées en France,
fortent de la maffe des confommations
nationales ; & le commerce extérieur
met à leur place des métaux, des mouf-
felines, & d'autres pareilles marchandifes.

D'où réfulte cette idée fort claire ce
me femble & très facile à retenir : » tout
» ce qui s'*ufe* habituellement ou fe *con-*
» *fomme* journellement après avoir été
» produit ou acheté par échange, for-
» me la *maffe générale des confomma-*
» *tions* «. C'eft-là notre *premier objet* à
fixer avec attention & à ne point perdre de vue.

Nous allons donc à préfent confidérer en fecond lieu la fomme des mon-
noies quelconques, actuellement cir-
culantes dans l'Etat, comme une quantité de Lettres de Changes acceptées,
de Mandements affurés, de Billets au
porteur, ou de titres efficaces, acqui-
tables fur le champ, à la volonté du

porteur fur la maffe générale des productions ou des confommations.

Rien de plus fimple, ni de plus naturel que cette idée.

En effet, Madame, qui conque tient à préfent de l'argent dans fa main, eft le maître de choifir à proportion de fa fomme, telle ou telle matiere, plus ou moins façonnée, tel mets, tel meuble, tel bijou qu'il lui plaît. En livrant fon argent, il s'approprie l'objet qu'il a choifi pour l'ufer & le confommer à fa volonté.

C'eft-à-dire, qu'il fait acquitter fon Mandement, fa Lettre de change fur la maffe des confommations, qu'il réalife fon titre, & qu'il s'en défaifit; ce titre produifant alors l'effet pour lequel il avoit été reçu.

Ces idées préliminaires étant bien établies, voyons, Madame, comment s'opere la diftribution & la confommation journalieres des productions naturelles, par le moyen de la circulation de l'argent monnoyé entre les trois claffes de la Société.

N°. II.

Premiere diftribution de l'argent par la claffe productive.

C'eft au premier poffeffeur de la maffe des confommations qu'il appartient sûremenr de tirer fur cette *maffe*, des billets au porteur, des titres affurés, des mandats acquittables fur le champ & à volonté.

Or, c'eft à la *claffe productive* qu'eft dévolue en premiere ligne, la propriété des denrées & matieres premieres, qui font les fruits de fes *avances* & de fes travaux. C'eft donc la claffe productive qu'il faut confidérer comme premiere diftributrice de tout l'argent circulant, qui forme actuellement le *pécule national*.

Et en effet, Madame, les cultivateurs font nécessairement deux sortes de *dépenses* ; l'une antécédente à la réproduction & préparatoire , qui entre dans les *avances* ou *primitives* ou *annuelles :* c'est , par exemple , l'achat des instrumens & des autres marchandises manufacturées nécessaires à leur exploitation, ou à leurs jouissances personnelles. L'autre dépense est subséquente & relative au *produit net* ; c'est le paiement des redevances , soit aux propriétaires particuliers à titre de ferme , soit au Souverain à titre d'impôt.

Ainsi vous voyez que la classe *productive* distribue en argent à la classe *propriétaire* , la totalité *du produit net* ; & à la classe *stérile* , une portion de ses propres *reprises annuelles*, qu'on peut évaluer au tiers, parceque l'Agriculteur consomme moins de marchandises manufacturées , que de denrées simples & de matieres premieres.

Supposez un Etat , dans lequel la réproduction totale vaille trois cents millions; que cette réproduction se divise premierement en cent cinquante millions de *reprises* (savoir, cent millions pour avances annuelles, & 50 millions pour intérêt, au denier dix de 500 millions supposés d'avances *primitives*); secondement, en cent cinquante millions de *produit net* ou revenu.

La distribution commencera par le double versement que fait la classe cultivatrice; savoir, premierement de cinquante millions à la classe *stérile* pour achats de marchandises plus ou moins façonnées, ce qui forme le tiers des *reprises*; secondement, de cent cinquante millions à la classe propriétaire pour paiement du revenu.

Vous voyez, Madame, qu'il y a dès-lors 200 millions de *pécule nationale* en mouvement ou d'argent *circulant* entre les trois classes.

C'est-à-dire (suivant notre maniere de

de confidérer l'argent monnoyé), qu'il
y a des mandats , des lettres de change , des billets au porteur , acquittables à volonté par la *production totale ;*
ou par la maffe générale des confommations, pour la valeur de 200 millions ;
& que ces titres efficaces doivent être
foldés & acquittés par la totalité des
marchandifes , plus ou moins façonnées , qui font confommables ; double
verfement d'argent fait par la claffe productive. Premiere époque.

Nº. I I I.

*Circulation de l'argent , opérée par la
claffe propriétaire.*

Examinons à préfent comment fe fait
la *circulation* ultérieure de l'argent. La
claffe propriétaire a befoin de deux efpeces d'objets propres à fes jouiffances ;
1º. de denrées comeftibles ou de fubfiftances ; de bled, de vin , de viande ,
de poiffon, de fourrage , &c. 2º. De

S

marchandifes manufacturées ; pour logement , ameublement , bijoux , habits , équipages , &c. Cette claffe verfe
donc auffi l'argent des deux mains comme la première ; & paie aux deux autres.

Quand la claffe propriétaire achete
des *fubfiftances* , immédiatement aux
Cultivateurs , elle leur *rend* en partie
l'argent qu'elle en a reçu pour le pro-
duit net ou revenu ; c'eft à peu près la
moitié de ce revenu , l'un portant l'autre , qui fe dépenfe en comeftibles , foit
par les propriétaires particuliers , foit
par le Clergé , foit par le Souverain ,
& tous leurs falariés divers. Seconde
époque.

On peut donc compter que la moitié
de l'argent qui forme le revenu , où le
produit net n'a qu'une *circulation incomplette* dans la Société ; j'appelle *circulation incomplette* , le mouvement d'un argent qui ne paffe pas fucceffivement dans

les trois claſſes de la Société, mais qui ne roule qu'entre deux ſeulement.

Cette moitié de l'argent du revenu rentrant à la claſſe *productive*, qui le reçoit immédiatement des propriétaires, elle n'a qu'une *circulation* imparfaite. Dans notre exemple c'eſt ſoixante & quinze millions qui retournent ainſi dans le cours de l'année, directement à leur premiere ſource, c'eſt-à-dire, que, ſuivant notre manier d'enviſager la diſtribution des dépenſes nationales, c'eſt pour ſoixante & quinze millions de mandements ſur la caiſſe générale des conſommations, acquittés immédiatement au profit de ceux qui les ont reçus.

N°. IV.

Seconde circulation de l'argent, opérée par la claſſe propriétaire.

Mais l'autre moitié du *revenu* ſe dépenſe par les propriétaires à claſſe ſté-

S ij

rile ; c'eft cette moitié de l'argent qui éprouve une véritable & *parfaite* circulation , puifqu'elle paffe par les trois claffes de la Société avant de retourner à fa fource , comme vous l'allez voir.

En effet , les propriétaires particuliers ou les grands Co-propiétaires univerfels , qui font le Souverain & le Clergé décimateur , dépenfant cette année la moitié de leur *revenu* à la claffe *ftérile* , ils réalifent à cet égard leurs mandements ou lettres de change fur la maffe totale des *confommations* , ils reçoivent des marchandifes plus ou moins façonnées en échange de leur argent , & ils les ufent ou confomment. Troifieme époque.

N°. V.

Troifieme circulation de l'argent , opérée par la claffe ftérile.

La moitié du *revenu* paffe donc dans la claffe ftérile , & forme le fecond article

de fon *pécule* particulier ; car vous avez
vu ci deffus, Madame, que cette même claffe ftérile avoit reçu, de la part
des Cultivateurs, le tiers de leurs *reprifes* annuelles. Ainfi dans notre exemple, la claffe ftérile doit recevoir chaque année cent vingt - cinq millions ;
favoir, 1°. de la claffe fe productive
cinquante millions, valant le tiers de
fes reprifes ; 2°. de la claffe propriétaire, foixante & quinze milions, valant moitié du revenu, en tout cent
vingt-cinq millions. Quatrieme époque.

Mais on voit encore que le premier
article de cette recette forme pareille-
ment une *circulation imparfaite* ; car la
claffe *ftérile*, qui reçoit cinquante millions de la part des *Cultivateurs*, ne les
rapporte point aux propriétaires des
fonds de terre ; mais les rend à la claffe
productive.

Nº. VI.

Analyfe de la circulation totale , opérée
par la claffe ftérile.

Si nous voulons analyfer cette refti-
tion , que fait la claffe ftérile à la claffe
productive ; nous trouverons que la dépenfe générale de tous ceux qui façonnent ou négocient les matieres premieres, fe réduit à deux objets; favoir,
1º. à l'achat des comeftibles ou des
fubfiftances ; 2º. à l'achat des matieres
qu'il faut ouvrer ou façonner.

Ainfi dans notre exemple , *la produc-*
tion totale valant 300 millions , les *re-*
prifes cent cinquante millions , *le pro-*
duit net valant auffi cent cinquante millions, il y a pour deux cents millions
d'argent circulant au total.

Ces 200 millions ainfi donnés par la
Claffe productive , lui reviennent en
cette maniere : 1º. de la Claffe propriétaire , foixante & quinze millions , va-

lant la moitié du produit net ou du revenu : 2°. cent vingt - cinq millions de la
part de la Claffe *ftérile* ; total , deux
cents millions.

La Claffe ftérile dont la *dépenfe* , ou le
reverfement d'argent à la Claffe productive , eft de cent vingt - cinq millions , les a reçus ; favoir , cinquante
millions de la Claffe productive , &
foixante & quinze millions de la Claffe
propriétaire.

Ainfi des 200 millions qui font en
mouvement , entre les Claffes , il y en
a 1°. cinquante millions (tiers des reprifes) qui n'ont qu'une *circulation imparfaite* de la Claffe productive à la Claffe
ftérile , & par reftitution immédiate ,
de la Claffe ftérile à la Claffe productive : 2°. foixante & quinze millions ,
(moitié du revenu) , qui n'ont encore
qu'une *circulation imparfaite* de la Claffe
productive à la Claffe propriétaire.

'Les achats ou échanges que les

ouvriers & les marchands font entr'eux, forment un mouvement inté-
rieur dans cette claſſe ſeule, dont nous
n'avons aucun compte à tenir, parcequ'il eſt évidemment proportionné aux
deux *recettes* que fait la claſſe *ſtérile*,
ſoit de la part des cultivateurs, ſoit de
la part des propriétaires.

La claſſe ſtérile *dépenſe* donc chaque
année tout ce qu'elle a reçu, moitié en
ſubſiſtances, moitié en *matieres premieres*; c'eſt-à-dire, dans notre exemple,
ſoixante & quinze millions en *ſubſiſtances*, & ſoixante & quinze millions en
matieres premieres; car puiſqu'elle *vend*
habituellement des marchandiſes plus
ou moins façonnées, ſoit à la claſſe
productive, ſoit à la claſſe propriétaire,
il faut bien qu'elle *achete* continuellement les matieres premieres : d'ailleurs,
elle ne travaille & ne façonne que pour
vivre. Cinquieme époque.

N°. VII.

Nº. VII.

Distinction nécessaire à retenir.

Nous voyons donc la *circulation* de l'argent distinguée en trois distributions, dont deux forment une *circulation imparfaite* ; savoir : 1º. la portion que les cultivateurs donnent à la classe stérile pour solde de marchandises, laquelle vaut le tiers des reprises ; 2º. celle qui revient immédiatement aux mêmes cultivateurs de la part des propriétaires, auxquels ils ont payé le revenu. Cette seconde portion équivaut à la moitié du produit net ; 3º. l'autre moitié de ce même revenu, forme seule une *circulation complette*, & ne revient aux cultivateurs qui l'ont donnée aux propriétaires, que par la dépense de la Classe stérile, qui la reçoit des propriétaires, par restitution immédiate, de la Classe propriétaire à la Classe productive : 4º. enfin, l'autre moitié du revenu,

T

qui éprouve une circulation complette,
puifqu'elle paffe de la Claffe propriétaire à la Claffe ftérile, en achats de matieres ouvrées ou négociées, & ne retourne à la Claffe productive que par
cette Claffe ftérile.

En général donc (permettez, Madame, que je le répéte encore pour
le mieux graver dans votre mémoire)
le total des fommes qui forment *circu-*
lation entre les trois Claffes de la Société, vaut le tiers des reprifes, & la
totalité du produit net. Le tiers des *re-*
prifes, & la moitié du produit net, n'ont
qu'une *circulation incomplette*; l'autre
moitié du revenu *circule* feule parfaite-
ment dans les trois Claffes.

❋

N°. VIII.

Circulation de l'argent combiné avec la répartition & la consommation journa-liere des productions annuellement re-naissantes.

Après avoir ainsi détaillé la *circula-tion* de l'argent, il nous faut examiner l'autre objet corrélatif, c'est-à-dire, la *consommation* des productions naturel-les.

A les considérer dans leur premier état, & dans l'instant de la récolte, toute la masse de ces productions est dans la possession de la Classe producti-ve ; rappellons-en le partage. Premie-rement, il est une portion des *reprises*, qui n'entre point dans le négoce, & qui reste aux cultivateurs, pour leur propre consommation , pour celle de leurs agents & de leurs animaux. Nous avons vu que dans l'état d'ordre, de maintien & de conservation, c'étoit les deux tiers

T ij

des *reprifes*, parceque la Claffe agricole
qui doit prélever chaque année fur la
maffe générale des productions la tota-
ité de fes *reprifes*, n'en dépenfe chaque
année qu'un tiers à la claffe ftérile.

Il refte donc les deux tiers des *reprifes*
en maffe immune, pour laquelle il ne
doit point être tiré de lettres de change,
mandats ou billets au porteur, parceque le Colon doit les confommer lui-
même. Premiere portion privilégiée, de
laquelle dépend principalement, comme vous voyez, le travail & la réproduction future; car il faut que les animaux de fervice utile, & les hommes
agricoles vivent, c'eft-à-dire, ayent été
nourris pour travailler. Premiere portion des denrées confommables.

La feconde portion des productions
naturelles paffe dans la Claffe ftérile,
en tant que devenue propriétaire, par
avance, du tiers des *reprifes*; je dis propriétaire, parcequ'elle a reçu en *argent*,

de la part des cultivateurs un titre effi-
cace, jufqu'à concurrence du dernier
tiers des *reprifes* ; ce titre eft donné par
la *claffe productive*, en payement des
marchandifes façonnées dont elle a
befoin. Seconde portion des denrées
confommables.

Les productions dont la valeur forme
les *reprifes* du cultivateur, étant ainfi
diftribuées en deux portions diverfes,
il refte la maffe des *fruits difponibles*,
dont le prix eft le *produit net* ou le *revenu*,
(nous les appellons ici *difponibles*, c'eft-
à-dire, non affectés néceffairement aux
avances primitives ou annuelles de la *culture*). La moitié de ces fruits eft achetée
immédiatement par les propriétaires à
la Claffe productive, ou ce qui revient
au même, le revenu eft évalué & payé
en denrées, aulieu de l'être en argent,
circonftance affez commune. C'eft la
troifieme portion des fruits confommables.

La quatrieme paſſe encore dans la Claſſe ſtérile. Nous avons vu que la Claſſe propriétaire y compris le Souverain & le Clergé décimateur, dépenſe environ la moitié du produit net en marchandiſes, plus ou moins façonnées & trafiquées, c'eſt-à-dire, qu'elle donne ſucceſſivement à la Claſſe ſtérile, la moitié de l'argent du revenu, valant ſoixante & deux millions & demi; dans notre exemple, c'eſt la quatrieme & derniere portion des productions.

Mais, Madame, obſervez que la Claſſe propriétaire ne reçoit pas pour ſoixante & deux millions & demi de denrées brutes ou de *matieres premieres*, telles que les vend le *cultivateur*; autrement il faudroit ſuppoſer que les ouvriers façonneurs, & les agents du trafic n'ont rien gagné, pas même leur vie.

Les *propriétaires* ne reçoivent donc de la Claſſe ſtérile, qu'une portion des matieres premieres, achetées par cette

Claſſe ſtérile; la façon, le tranſport &
le trafic, abſorbent le reſte; c'eſt-à dire,
que ce reſte eſt retenu & conſommé
dans la *Claſſe ſtérile*, par les artiſtes &
fabriquants; c'eſt-là ce qui conſtitue leur
profit. Il eſt telle *façon*, dont l'effet eſt
de faire conſommer, par ces agents de
la Claſſe ſtérile, pour dix fois, & même
cent fois plus de productions naturelles
en façonnant, que ne vaut la matiere
premiere, ſur laquelle ils s'exercent;
telle eſt, par exemple, une belle piece
de dentelle. Il en eſt de même quant aux
ventes que fait la Claſſe *ſtérile* à la Claſſe
productive, juſqu'à concurrence du tiers
des *repriſes*, valant dans notre exemple
cinquante millions.

La Claſſe ſtérile *conſomme* donc preſ-
que totalement, la moitié des productions naturelles, qui forment le *produit
net* ou revenu, & le tiers des *repriſes*; il
n'en faut excepter que le prix origi-
naire des matieres premieres dont ſe

forment fes marchandifes plus ou moins ouvrées & trafiquées ; jufqu'à la concurrence du volume qu'en reçoivent la Claffe *propriétaire* & la Claffe *productive* en pareils ouvrages manufacturés.

En fomme les productions naturelles doivent fe divifer , comme vous favez Madame, par rapport à la *confommation* en deux efpeces , l'une appellée *fubfiftances*, l'autre appellée *matieres premieres*. Les *fubfiftances* fe fubdivifent en trois portions. La premiere, valant la totalité des *avances annuelles*, ou les deux tiers des *reprifes* , refte à la Claffe productive. La feconde, valant la moitié du revenu, paffe de la Claffe productive aux propriétaires qui la confomment, & la payent au vendeur fans en être *rembourfés*. La troifieme , valant la fixieme partie des *reprifes* & le quart du revenu, paffe aux agents de la Claffe *ftérile*.

L'autre efpece de productions naturelles ,

relles , appellées *matieres premieres* , se
façonne plus ou moins par la Classe stérile , elle se distingue après le façonnement & le trafic en trois portions : l'une
reste à la Classe stérile qui l'*use* elle-
même : l'autre va aux propriétaires qui
la payent avec la moitié du revenu :
la troisieme retourne aux cultivateurs , qui la payent avec le tiers des
reprises.

Concluez à présent, Madame , que
dans la réalité tout se réduit au droit de
consommer par soi-même ou par ses re-
présentants & mandataires à volonté,
plus ou moins des productions usuelles ,
annuellement fournies par la nature.

Dans notre exemple , la masse des
productions naturelles , annuellement
récoltées , vaut 300 millions. Elle se
distingue en *subsistances* , valant deux
cents trente sept millions & demi, & en
matieres premieres , valant soixante
& deux millions & demi.

V.

Les *subsistances* se subdivisent en trois portions; savoir : 1°. Cent millions pour la classe cultivatrice : (semences & nourritures d'animaux comprises) : 2°. soixante & quinze millions pour la Classe propriétaire : 3°. soixante & deux millions & demi pour la Classe stérile : en tout deux cents trente-sept millions & demi.

Les *matieres premieres* valent soixannte - deux millions & demi dans notre exemple.

Or de ces de *matieres premieres*, quand elles sont façonnées, il y en a une premiere partie usée ou consommée par les agents de la Classe stérile eux - mêmes ; la seconde est par eux vendue aux propriétaires ; la troisieme est tout de même par eux vendue aux cultivateurs.

Remarquez bien, je vous prie, qu'il est impossible de ne pas sentir la justesse absolue & nécessaire de ces deux pre-

mieres divisions des productions naturelles annuellement récoltées ; en
subsistances & *matieres premieres*, &
les subdivisions de chacune d'elles en
trois portions, *consommées* par les trois
classes.

N°. I X.

Récapitulation.

Les cultivateurs dont la dépense &
les travaux ont fait naître les productions, en doivent donc consommer une
portion immédiatement en *subsistances*
par eux-mêmes, sans l'entremise d'aucune *circulation d'argent.* Les propriétaires, le Clergé, les salariés du Gou-
vernement, en consomment une autre
à titre de revenu, dîme ou impôt,
après les avoir reçues en nature de la
part des cultivateurs, ou ce qui revient
au même, après avoir reçu le titre ou
le *droit* de les consommer exprimé en
argent. Les ouvriers ou trafiquants, ont

de même des *subsistances* en vertu du mandat ou de la lettre de change qu'ils ont reçu en argent monnoyé, pour prix de leurs ouvrages ou marchandises, soit de la part des cultivateurs, soit de celles des propriétaires.

Il en est tout de même des *matieres premieres* qui sont façonnées ou négociées. Les agents de la classe stérile les reçoivent de la classe productive, en lui rendant l'argent qu'ils se font procurés ci-devant par la vente de leurs marchandises, & qui venoit originairement des cultivateurs ou producteurs : quand les ouvriers & fabricants ont acheté les matieres, ils les façonnent en consommant des subsistances ou autres marchandises : quand ils les ont façonnées, ils les revendent aux *propriétaires* ou aux cultivateurs ; & en les revendant, ils se font restituer en argent ; 1°. le prix de toutes les matieres premieres ; 2°. celui de toutes les subsistances qui

ont été confommées en les façonnant.

N?. X.

Eléments fondamentaux d'un Tableau
économique.

Puifque c'eft la circulation de *l'ar-*
gent ou du pécule national entre les
trois Claffes de la fociété, qui doit être
peinte dans le Tableau Economique,
vous allez voir, Madame, que cette
formule eft très fimple, & qu'il ne faut
pour la conftruire que deux éléments
fondamentaux.

Le premier de ces éléments, c'eft la
fomme des *avances annuelles* de la culture nationale; le fecond, c'eft la proportion qui regne entre ces *avances an-*
nuelles & le *produit net.*

Premierement, la fomme des avances annuelles vous indique celles des
avances primitives, puifque ces dernieres

font eftimées valoir cinq fois la dépenfe annuelle & journaliere.

Secondement, la connoiffance des deux efpeces d'avances vous donne celle des *reprifes totales* du Cultivateur ; vous favez d'ailleurs que les avances annuelles toutes feules ne font ordinairement que les deux tiers de ces reprifes. L'intérêt à dix pour cent des avances primitives eft l'autre tiers.

Par exemple, fi les avances annuelles font deux mille, les reprifes totales font trois mille, parceque les avances primitives font cinq fois deux mille ou dix mille, qui doivent donner mille d'intérêt à dix pour cent.

Troifiemement, la proportion qui regne entre les avances annuelles & le *produit net* étant une fois donnée comme fecond *élement fondamental ;* un calcul très fimple vous donne la *réproduction totale annuelle.*

Par exemple, fi *le produit net* vaut

cent cinquante pour cent des *avances annuelles*, nous aurons pour deux mille *d'avances annuelles* un produit net de trois mille. Donc en joignant ces trois mille de *produit net* aux trois mille de reprifes ; nous aurons une réproduction totale de fix mille.

Mais, Madame, fi les propriétaires particuliers comptent par centaine & par mille les avances primitives & annuelles de leur culture, les grands Etats comptent comme vous venez de voir, par millions & par milliards ; par la raifon toute naturelle qu'en parlant des grands Empires, c'eft d'une multitude immenfe de cultures additionnées & accumulées qu'on analyfe les réfultats.

Sous ce point de vue, deux milliards *d'avances annuelles* ne font pas plus effrayantes quand il s'agit d'un grand Empire, que deux mille francs quand il s'agit d'une petite Ferme.

Ces deux milliards *d'avances annuelles*

formeroient trois milliards de reprifes ; à caufe de dix milliards d'avances primitives, dont il faut l'intérêt à dix pour cent.

Et fi vous fuppofez feulement que le produit net eft égal aux avances annuelles, ou qu'il vaut tout jufte cent pour cent, c'eft cinq milliards de réproduction totale annuelle qu'il faut fuppofer à cet Empire.

Ces connoiffances préliminaires étant une fois fous-entendues, elles vous donneront tout-à-coup des tableaux économiques d'une grande clarté.

N°. XI.

Formule générale de Tableau Economique.

Voici, Madame, en quoi confifte tout l'artifice, formez trois colonnes, l'une au milieu, que vous appellerez *claffe propriétaire*, n'oubliant jamais que le Souverain & tous les poffeffeurs des fonds de terre font réunis fous cette défignation,

fignation, que les *avances fouveraines*
de l'autorité inftruifante, protégeante,
adminiftrante, & les avances foncieres
des peres de famille fur leurs héritages
privés, font le titre en vertu duquel
cette claffe revendique légitimement le
produit net.

A fa droite mettez une colonne que
vous intitulerez Claffe productive : à fa
gauche une autre que vous intitulerez
Claffe ftérile.

En cette forme :

CLASSE   CLASSE   CLASSE
productive.   *proprétaire.*   *ftérile.*

Maintenant commencez par peindre
la circulation complette.

Vous venez de voir que c'eft à peu
près la moitié du revenu.

Il faut donc, vous figurer, que la
moitié du *produit net*, évalué en argent,
part de la colonne droite qui eft la

X

Claffe productive, & qu'elle arrive à là colonne du centre qui eft la Claffe propriétaire ; quand elle eft à cette Claffe, elle en repart pour aller à la Claffe ftérile qui occupe la gauche ; mais elle n'y refte pas, elle en repart une troifieme fois pour retourner à la Claffe productive.

En exprimant ces trois voyages par des lignes fimples pointées, vous trouverez qu'elles formeront une efpece de triangle de cette forme.

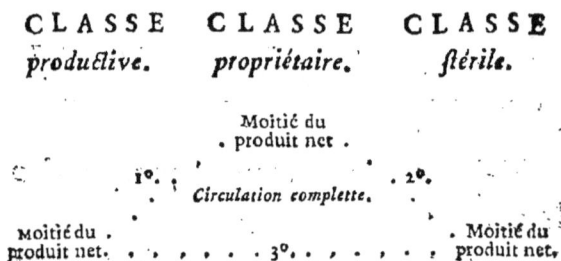

CLASSE   CLASSE   CLASSE
productive.   *propriétaire.*   *ftérile.*

Moitié du
produit net.

1°.   2°.
Circulation complette.

Moitié du   Moitié du
produit net. . . . . . 3°. . . . . . produit net.

Telle eft, Madame, la premiere partie du Tableau, elle repréfente la circulation complette que fait à peu près la moitié du produit net.

Mettons en seconde partie l'autre moitié de ce même produit net, qui n'essuye qu'une circulation incomplette ; il ne nous faudra d'abord qu'une ligne simple partant de la colonne Claffe productive, & allant à la colonne du milieu, Claffe propriétaire : puis tout-à-coup une seconde ligne simple reprenant le même chemin ; c'eft-à-dire, repaffant de la colonne du milieu à celle de la Claffe productive en cette forme.

CLASSE   CLASSE   CLASSE
productive.   *propriétaire.*   *ftérile.*

Autre moitié du
produit net.

Autre moitié
du produit net.

Enfin, Madame, pour achever, il ne faudra plus en troifieme partie du Tableau, que la feconde efpéce de circulation imparfaite ; vous favez que c'eft environ le *tiers des reprifes*.

Mais la Claffe propriétaire n'a point de part à cette portion, elle ne fe né-

gocie qu'entre la Claſſe productive &
la Claſſe ſtérile; il faut donc pour la
peindre, une premiere ligne ſimple qui
parte de la colonne intitulée Claſſe productive, puis tout-à-coup une ſeconde
ligne ſimple qui reprenne le même chemin en cette forme.

CLASSE   CLASSE   CLASSE
productive.   *propriétaire.*   *ſtérile.*

Tiers des
repriſes.

Tiers des
repriſes.

Ces trois petites figures bien ſimples
formeront, Madame, le tableau com-
plet dont je me flatte que vous com-
prendrez facilement déſormais tout l'artifice; le voici donc entier.

Premiere formule générale.

| CLASSE
productive. | CLASSE
propriétaire. | CLASSE
stérile. |

Circulation complette.

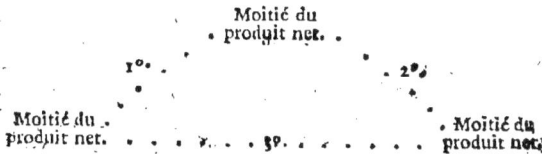

Moitié du
produit net.

1°. 2°.

Moitié du
produit net. 3°. Moitié du
produit net.

Premiere circulation incomplette.

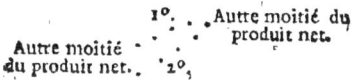

1°. Autre moitié du
produit net.

Autre moitié
du produit net. 2°.

Seconde circulation incomplette.

Tiers des
reprises.

1°.

2°.

Tiers des
reprises.

Ajoutez ici les
deux autres tiers des
reprises.

| TOTAL de la ré-
production annuel-
le, ou recette &
dépense de la *Classe
productive.* | TOTAL du pro-
duit net, ou recette
& dépense de la
Classe propriétaire. | TOTAL. Recette
& dépense de la
Classe stérile. |

Seconde formule explicative d'un Tableau calculé.

CLASSE productive.	CLASSE propriétaire.	CLASSE stérile.
	300 millions, dépensés en ouvrages.	

300 millions de circulat. compl. moitié du produit net.

300 millions, Ouvrages vendus aux Propriétaires.

300 millions, dépensés en subsistances.

300 millions de premiere circulat. incompl. moitié du produit net.

200 millions. Ouvrages vendus à la Classe productive.

200 millions, de sec. circul. incompl. un tiers des reprises ou intérêt des avanc. primitives.

Plus 400 millions non circulans, qui font les avances annuelles.

TOTAL de la réproduction, 1,200 mill.

Savoir :

1°. Avances annuelles 400 millions non circulans, & dépensés en nature.

2°. Intérêts des *avances primitives*, 200 millions, dépensés en Ouvrages stériles,

Donc *en tout*, reprises, 600 millions.

3°. Produit net, 600 millions.

Total de la réproduction 1,200 mill.

TOTAL du produit net, 600 millions.

Dépense :

300 millions en subsistances.

300 millions en Ouvrages stériles.

RECETTE totale, 500 millions.

Dépense :

250 millions en subsistances.

250 millions en matieres premieres.

Ouvrages vendus.

A la Classe propriétaire, 300 millions.

A la Classe productive, 200 millions.

Troisieme formule simple, particuliere.

CLASSE produ<i>ctive</i>.	CLASSE propriétaire.	CLASSE <i>ſtérile</i>.

. 750 millions. .

750 millions.   . . . .   750 millions.

750 millions.   :•750 millions.

:•500 millions.

500 millions.

1,000 millions.	TOTAL, 1,500 millions. PRODUIT NET.	TOTAL, 1,250 millions.
<i>Réproduction totale,</i> 3 <i>milliards.</i>		<i>Subſiſtances</i>, 625 millions.
Savoir :	<i>Subſiſtances</i>, 750 millions.	<i>Matieres premieres,</i> 625 millions.
<i>Avances annuelles</i> un milliard.	<i>Ouvrages ſtériles</i>, 750 millions.	<i>Ouvrages vendus.</i>
<i>Intérêts</i> des <i>avances primitives</i>, 500 millions.		A la <i>Claſſe productive</i>, 500 millions.
Donc, total des <i>repriſes</i>, 1,500 millions.		A la <i>Claſſe propriétaire</i>, 750 millions.
Produit net, 1,500 millions.		

Remarquez je vous prie, Madame,
que c'eſt pour vous faciliter l'intelli-

gence des lignes du Tableau, que je les ai détachées, & que j'en ai formé trois figures diftinctes & féparées : c'eft auffi pour éclaircir quelques difficultés qu'on avoit élevées contre la premiere formule, plus fimple dans fa conftruction.

L'inventeur du Tableau Economique les avoit prévenues par des explications claires & précifes ; mais la critique n'a pas voulu joindre ces explications à la formule elle-même, & c'eft pour prévenir de pareilles conteftations que je me fuis permis de détacher ainfi les trois figures, de l'avis & confentement du premier *Maître*, dont le génie créateur enfanta l'idée fublime de ce Tableau qui peint aux yeux le réfultat de la *fcience* par excellence, qui perpétuera cette fcience dans notre Europe, pour la gloire éternelle de fon inventeur, & pour le bonheur de l'humanité.

CHAPITR

TABLE DES CHAPITRES

CONTENUS DANS CE VOLUME.

Y

CHAP. II. Des Productions annuelles, & de leur diftribution.　p. 79

Fin de la Table.

On trouve chez le même Libraire, des
exemplaires des Ephémérides de 1766,
6 volumes ; l'Avis au Peuple, fur fon
Premier Befoin, 1 vol. *in*-12 ; Idées d'un
Citoyen fur l'Adminiftration des Finan-
ces, 8°. Idées d'un Citoyen fur les Be-
foins, les Droits, & les Devoirs des
vrais Pauvres, 8°. Premiere Introduction
à la Philofophie Economique, ou Analyfe
des Etats Policés, 8°.

www.ingramcontent.com/pod-product-compliance
Lightning Source LLC
Chambersburg PA
CBHW031327210326
41519CB00048B/3471